"十四五"时期水利类专业重点建设教材

地下水数值模拟

杜新强 姜振蛟 田海龙 罗建男 编著

中国水利水电出版社
www.waterpub.com.cn

·北京·

内 容 提 要

本着通俗易懂、便于学习和应用的原则，本书讲述地下水数值模拟方法中有限差分法、有限单元法和有限积分法的基本原理与实践应用练习；内容涉及地下水流运动、地下水溶质运移、地下水数值模拟正反演以及地下多相流体运动等内容。

绪论部分主要讲述水文地质定量评价方法的发展阶段以及地下水数值模型的基本特点；第 1 章介绍地下水流运动的数值模拟方法，包括有限差分法和有限单元法；第 2 章介绍地下水溶质运移模拟的数值模拟方法；第 3 章介绍地下水数值模型正演预测步骤和实例；第 4 章介绍地下水数值模型的反演问题；第 5 章介绍地下多相流体运动的基本理论和数值模拟方法。

本书可作为水文与水资源工程专业、地下水科学与工程专业本科生的参考用书。

图书在版编目（CIP）数据

地下水数值模拟 / 杜新强等编著. -- 北京 ：中国
水利水电出版社，2023.4
"十四五"时期水利类专业重点建设教材
ISBN 978-7-5226-0880-8

Ⅰ．①地… Ⅱ．①杜… Ⅲ．①地下水－数值模拟－高
等学校－教材 Ⅳ．①P641.2

中国版本图书馆CIP数据核字(2022)第136038号

书 名	"十四五"时期水利类专业重点建设教材 **地下水数值模拟** DIXIASHUI SHUZHI MONI	
作 者	杜新强 姜振蛟 田海龙 罗建男 编著	
出版发行	中国水利水电出版社 （北京市海淀区玉渊潭南路 1 号 D 座 100038） 网址：www.waterpub.com.cn E-mail：sales@mwr.gov.cn 电话：(010) 68545888（营销中心）	
经 售	北京科水图书销售有限公司 电话：(010) 68545874、63202643 全国各地新华书店和相关出版物销售网点	
排 版	中国水利水电出版社微机排版中心	
印 刷	天津嘉恒印务有限公司	
规 格	184mm×260mm 16 开本 10 印张 243 千字	
版 次	2023 年 4 月第 1 版 2023 年 4 月第 1 次印刷	
印 数	0001—2000 册	
定 价	**32.00** 元	

凡购买我社图书，如有缺页、倒页、脱页的，本社营销中心负责调换

前　言

地下水数值计算方法作为现代水文地质定量评价的最重要技术手段之一，在生产和科学研究领域发挥着不可或缺的作用。但对于本科教学而言，合适的地下水数值模拟教材相对比较少，目前的地下水数值计算方法的教材多在数学理论与计算方法方面作比较深入、全面的阐述，使数学基础相对薄弱的群体不易理解。因此，从本科教学和学习的需求出发，本书第一作者杜新强于 2014 年编著出版了教材《地下水流数值模拟基础》。之后吉林大学地下水数值模拟教学团队在多年授课的基础上，对该教材进行了系统修订，新增了地下水溶质运移、地下多相流体运动模拟等内容，进一步丰富了研究实例，编著成此书。

本书绪论、第 1 章、第 3 章由杜新强编著；第 2 章由姜振蛟编著；第 4 章由罗建男编著；第 5 章由田海龙编著；全书由杜新强统稿。

本书着重讲述地下水数值计算的基本原理以及基本计算思路与方法，并尽量将公式推导过程中的水文地质意义做出阐述，使初学者易于理解和掌握，并为深入研究和应用地下水数值计算奠定一定基础。

本书简明易懂、易于运用，适用于初学者以及自学者使用。

作者

2022 年 6 月 1 日

数 字 资 源 清 单

目　录

绪 论

绪论课件

自然科学研究一般存在如下的循环往复过程：首先基于实际或实验现象，发现事物变化规律，分析相关影响因素及其作用过程，获得变化规律的驱动机理；采用数学语言对机理和过程进行描述，实现规律的模拟再现；通过应用于生产实践，进一步发现新的问题或不足，对原有规律、模型和求解方法进行不断探索和改进。在科学研究过程中，数学理论和高效的计算方法，构成了现代自然科学以及工程技术进步的核心支点之一。

笛卡儿（Rene Descartes，1596—1650）创立了平面解析几何，使我们能够用数学形式描述动态变化着的客观对象；牛顿（Isaac Newton，1642—1727）和莱布尼兹（Gottfried Wilhelm Leibniz，1646—1716）创立了微积分学，为研究连续变量的变化规律提供了完整的方法体系；在这个基础上，则产生了更多的数学分支以及相关的一些交叉学科分支。由于数学研究的范围在不断扩大，而且研究的对象更为复杂，与之伴随的问题就是数值计算更加困难。如果不解决与理论方法平行的数值计算问题，再好的数学理论也难以发挥应有的作用。因此，科学计算已不仅仅是数学或计算机学科的一个部分，而是与实验和理论相平行的独立科学研究方法。

数值计算方法，也称为数值分析、科学计算，其核心思想就是通过有限步的加、减、乘、除四则运算得到某个连续变量的近似值。追根溯源，它是微积分学孕育出来的一个数学分支。数值计算不仅促进了计算方法的研究，也促进了计算工具的发展。随着 20 世纪 40 年代中期人类第一台电子数字计算机的问世，数值计算终于有了理想的工具。坚实的数学理论、科学的计算方法以及先进的计算工具的有机结合，打造了一个无比坚实的工作平台，支撑着现代科学技术的高速发展。

伽利略（Galileo Galilei，1564—1642）说过：大自然这部伟大的书，是用数学语言写成的；而恩格斯（Friedrich Engels，1820—1895）则认为，任何一门科学的真正完善，在于数学工具的广泛应用。人类社会对地下水资源的开发利用已有数千年的历史，但直到 1856 年达西定律的出现，地下水运动规律和资源数量分析才有了自己的定量研究方法，水文地质学才得以成为一门独立的学科登上历史舞台。

在水文地质的定量研究方法中，用于分析和预测不同条件下局部或区域地下水系统行为的数学和数字化工具，统称为地下水模型。地下水模型有多种分类方法，比如：按含水层类型分为承压含水层模型、非承压含水层模型以及半承压含水层模型；按水流条件分为饱和地下水流模型、非饱和地下水流模型以及溶质运移模型；从流体相态上分为单相流模型和多相流模型；而从研究手段上则可分为物理模型（例如，砂槽模型等）、相似模型（例如，电网络模型等）和数学模型（例如，解析模型、数值模型和统计模型等）3 个类别。本书按研究手段分类，对地下水定量研究方法发展脉络进行梳理。

0.1　解　析　法

0.1.1　达西公式

达西（Henry Philibert Gaspard Darcy，1803—1858）是法国杰出的工程师和著名的水力学家，是现代毕托管（Pitot tube）的发明者，提出了管流阻力方程，并在明渠流研究领域卓有建树。他最卓著的贡献，是在 1839—1840 年设计并主持建造了法国第戎（Dijon）的城市供水系统，从 12.7km 外的 Rosoir Spring 输水到城市附近的水库，供给 28000m 的城市输水管道。这个全封闭的供水系统可在重力驱动下完成自流供水，不需要水泵加压或提水，并且只采用砂过滤的方式进行水质处理，这是他研究水在多孔介质中运动的现实基础和驱动因素。1856 年，达西在经过大量的试验后，发表了他对多孔介质中水流运动规律的研究成果，即著名的达西定律［式（0.1）］。达西定律奠定了地下水定量评价的基础，开启了水文地质学迅速发展的全新时代。

$$Q = KI\omega \text{ 或 } V = KI \tag{0.1}$$

式中：Q 为流量，m^3/d；K 为介质渗透系数，m/d；I 为水力梯度（无量纲）；ω 为过水断面面积，m^2；V 为渗流速度，m/d。

0.1.2　裴布依稳定井流公式

裴布依（Jules Dupuit，1804—1866）生于意大利福萨诺（Fossano），10 岁时移民法国，是法国著名的土木工程学家，在水力学中有多方面贡献，曾担任法国桥梁公路局的总督察，是达西的同事与朋友，擅长理论推导。甚至有资料显示，他在 1854 年已从理论上预测了达西定律的基本规律，但裴布依仍在其专著的前言中明确指出"达西的实验超过了所有的前人"，体现了严谨、谦逊的学者风范[1]。裴布依以达西定律为基础，提出了著名的裴布依假设，并在此基础上推导出了地下水单向及平面径向稳定井流公式［式（0.2）~式（0.3）］，描绘了特定条件下的地下水运动状态，成为水文地质学发展史上又一个重要里程碑。

裴布依假设：①含水层是均质、各向同性、等厚、水平的；②地下水为层流，符合达西定律，地下水运动处于稳定状态；③静水位是水平的，抽水井具有圆柱形定水头补给边界；④对于承压水，顶底板是完全隔水的，对于潜水，井边水力坡度不大于 1/4，底板完全隔水。

承压水稳定井流公式：

$$Q = K(2\pi r M)\frac{dh}{dr} = 2\pi K M \frac{H_0 - h_w}{\ln\dfrac{R}{r_w}}$$

$$S_w = H_0 - H_w = \frac{Q}{2\pi T}\ln\frac{R}{r_w} \tag{0.2}$$

潜水稳定井流公式：

$$Q = K(2\pi rh)\frac{\mathrm{d}h}{\mathrm{d}r} = 2\pi K\frac{H_0 + h_\mathrm{w}}{2}\frac{H_0 - h_\mathrm{w}}{\ln\dfrac{R}{r_\mathrm{w}}} = \pi K\frac{H_0^2 - h_\mathrm{w}^2}{\ln\dfrac{R}{r_\mathrm{w}}}$$

$$H_0^2 - h_\mathrm{w}^2 = \frac{Q}{\pi K}\ln\frac{R}{r_\mathrm{w}} \tag{0.3}$$

式中：S_w 为井中水位降深，m；Q 为抽水流量，$\mathrm{m^3/d}$；R 为水力影响半径，m；r_w 为井径，m；H_0 为初始地下水位，m；H_w 为井中地下水位，m。

裴布依公式出现之后的很长一段时间，地下水水力学虽有一定程度的发展，但总是没有超出稳定流理论的范围。

地下水稳定流理论的应用有很大的局限性，最大的缺陷在于：稳定流理论所描绘的，仅仅是在一定条件下，地下水的运动经过很长时间所达到的一种平衡状态，这种平衡状态不随时间变化。而实际的地下水运动状态却是不断变化的。因而，稳定流理论的应用就只能局限于在某些特定条件下解释地下水运动的状态，而不能说明从一个状态到另一个状态之间的整个发展过程。

裴布依稳定井流公式的出现，对当时地下水水力学的发展起了重要作用，直到今天仍有一定的实用价值。该公式主要适用于具有两个定水头边界的条件，如岛状含水层、河边抽水井等，在上述条件下，经过较长时间的抽水，稳定流状态是比较容易达到和维持的。

如果说，当地下水开发利用规模与地下水天然补给量相比很小的时候，还可以近似地符合稳定流理念，而当开发规模越来越大，地下水位年复一年地发生明显的持续性下降时，就要求有新的理论来解释地下水动态的变化过程，非稳定流理论的出现则成为学科发展与生产实践中的必然。

0.1.3 泰斯非稳定井流公式

在地下水稳定流理论出现之前，在经典物理学中就已提出了电流和热传导等方面的非稳定运动理论问题。地下水非稳定流理论的出现，比其他学科的相应理论要晚一个多世纪，这主要是由于地下水的开发规模相对较小，还不足以对地下水动态造成显著的变化，在相当长的时期内，以裴布依公式为代表的稳定流理论具有良好的适用性。

达西定律和裴布依公式是在法国提出的，有关热传导的数学理论也是法国人傅里叶（Baron Jean Baptiste Joseph Fourier，1768—1830）早在达西定律出现以前（1820年）就建立了的，但地下水非稳定流理论出自美国，可能存在社会需求的原因：法国地表水资源比较丰富，地下水开发量不大，因而长期停留在裴布依公式的水平上；而美国由于有大片干旱半干旱地区，加上社会经济发展迅速，一段时期内对地下水资源需要量增长较快，地下水资源开发利用程度的提高促进了非稳定流理论的发生和发展。恩格斯曾经精辟地提出："社会一旦有技术上的需要，则这种需要就会比十所大学更能把科学推向前进。"

在地下水非稳定流理论的发展过程中，首先是温策尔（Leland Keith Wenzel，1908—1992）等在美国内布拉斯加州（Nebraska）进行抽水试验对蒂姆公式（Thiem equation）进行验证时，发现了一系列地下水做非稳定运动的现象，提出了可以根据地下水降落漏斗发展过程计算含水层给水度的思想；迈因策尔（Oscar Edward Meinzer，1876—1948）根据大量长期观测资料，在 1928 年撰文认为，承压含水层是可压缩而且是有弹性的，在分布宽广的承压含水层中抽水的过程，也是不断消耗储存量的过程，并以美国达科他州砂岩中几十年抽水的实际材料证明了这一点。

温策尔、迈因策尔等的文章表明，早在 20 世纪 30 年代初期，由于开发利用地下水规模的扩大，已经为潜水和承压含水层中的地下水非稳定流理论准备了丰富的实践基础。而固体中热传导理论的发展又为非稳定流理论准备了现成的数学工具。1935 年美国地质调查局青年地质学家泰斯（Charles Vernon Theis，1900—1987）利用了迈因策尔、温策尔等的实际材料和观点，在辛辛那提大学数学家柳宾（Clarence Isador Lubin，1900—1989）的帮助下，利用热传导理论中现成的公式加以适当改造，第一次提出了实用的地下水径向非稳定流公式，即泰斯公式［式（0.4）～式（0.5）］。

$$\begin{cases} \dfrac{T}{u^*}\left(\dfrac{\partial^2 H}{\partial r^2}+\dfrac{1}{r}\dfrac{\partial H}{\partial r}\right)=\dfrac{\partial H}{\partial t} & (0\leqslant r<\infty,t>0)\\[2mm] H(r,0)=H_0 & (0\leqslant r<\infty)\\[2mm] H(\infty,t)=H_0 & (t>0)\\[2mm] \lim_{r\to 0}2\pi rMK\dfrac{\partial H}{\partial r}=Q(\text{常量}) & (t>0) \end{cases} \tag{0.4}$$

$$S=\frac{Q}{4\pi T}\int_u^\infty \frac{1}{y}\mathrm{e}^{-y}\mathrm{d}y=\frac{Q}{4\pi T}W(u);u=\frac{r^2\mu^*}{4Tt} \tag{0.5}$$

式中：S 为计算点处的水位降深，m；Q 为水井抽水量，m^3/d；$W(u)$ 为井函数；T 为导水系数，m^2/d；r 为与抽水井的距离，m；μ^* 为弹性储水系数（无量纲）；t 为抽水延续时间，d。

在泰斯公式中，所涉及复杂的井函数计算，通过给定相应的数值表或者关系曲线，使其便于实际使用。后来发展的大量复杂条件井流公式，均沿用了井函数的概念，并提了相应的计算数值和图表。

泰斯公式出现 5 年以后，雅各布（Jacob）参照热传导理论中的方法建立了地下水运动的基本微分方程，并系统阐明了承压含水层储水系数的构成。

0.1.4　复杂条件井流公式

泰斯公式刚出现时并未受到广泛重视，在雅各布、温策尔等水文地质学家的推动下，才在第二次世界大战后得到广泛应用和发展，并促使地下水流问题的解析解法在 20 世纪 50 年代到 60 年代初达到全盛时期[2]，建立了一系列的方程、公式和图表，并被广泛应用到生产实践中去。不仅推动了地下水理论的发展，还解决了大量的生产实际问题。

（1）有越流补给的承压非稳定完整井流（Hantushi‐Jacob，1955）。

$$s=\frac{Q}{4\pi T}\int_u^\infty \frac{1}{y}\mathrm{e}^{-y-\frac{r^2}{4B^2y}}\mathrm{d}y=\frac{Q}{4\pi T}W\left(u,\frac{r}{B}\right) \tag{0.6}$$

其中，$W\left(u, \dfrac{r}{B}\right)$ 为不考虑相邻弱透水层弹性释水时越流系统的井函数。

（2）有弱透水层弹性释水补给和越流补给的完整井流（Hantushi，1960）。

在层状含水层分布区，一个含水层常被弱透水层覆盖或下伏有弱透水层，形成双层或多层结构的含水层组。从含水层中抽水时，会引起弱透水层弹性释水补给含水层，当弱透水层厚度较大时这种补给量不能忽略。

$$s = \frac{Q}{4\pi T}\int_u^\infty \frac{e^{-y}}{y}\mathrm{erfc}\left[\frac{\beta\sqrt{u}}{\sqrt{y(y-u)}}\right]\mathrm{d}y = \frac{Q}{4\pi T}H(u,\beta) \tag{0.7}$$

$$\beta = \frac{r}{4B_1}\sqrt{\frac{\mu_1^*}{\mu^*}} + \frac{r}{4B_2}\sqrt{\frac{\mu_2^*}{\mu^*}}$$

式中：B_1、B_2 分别为上下两个弱透水层的越流因数，$B_1 = \sqrt{\dfrac{Tm_1}{K_1}}$，$B_2 = \sqrt{\dfrac{Tm_2}{K_2}}$。

式（0.6）和式（0.7）针对承压完整井流的情况。潜水井流与承压井流不同，具体表现为三点：一是导水系数随距离和时间变化；二是当潜水井流降深较大时，垂向分速度不可忽略；三是潜水含水层的重力疏干过程不能瞬时完成，明显地迟后于水位下降。目前还没有同时考虑上述三种情况的潜水井流公式[2]。

（3）考虑滞后疏干的潜水完整井流博尔顿模型（Boulton，1954）。

$$s = \frac{Q}{4\pi T}\int_0^\infty 2J_0\left(\frac{r}{D}x\right)\left[1 - \frac{1}{x^2+1}e^{-\frac{atx^2}{x^2+1}} - F\right]\frac{\mathrm{d}x}{x} = \frac{Q}{4\pi T}W\left(u_a, y, \frac{r}{D}\right) \tag{0.8}$$

式中：$W\left(u_a, y, \dfrac{r}{D}\right)$ 为无压含水层中完整井的井函数。

（4）考虑流速垂直分量和弹性释水的潜水完整井流纽曼模型（Neuman，1974）。

Neuman 模型不仅考虑了流速的垂直分量和弹性释水，而且把潜水面视为可移动的边界，根据水均衡原理建立有关潜水面移动的连续性方程，进而得到潜水面边界条件的近似表达式。

$$s(r,z,t) = \frac{Q}{4\pi T}\int_0^\infty 4yJ_0\left(y\beta^{\frac{1}{2}}\right)\left[\omega_0(y) + \sum_{n=1}^\infty \omega_n(y)\right]\mathrm{d}y = \frac{Q}{4\pi T}W\left(u_a, u_y, \frac{r}{B}, z_D\right) \tag{0.9}$$

其中，$u_a = \dfrac{r^2\mu^*}{4Tt}$，$u_y = \dfrac{r^2\mu}{4Tt}$，$B = \sqrt{\dfrac{K_r h_0}{\dfrac{K_z}{h_0}}}$，$z_D = \dfrac{z}{h_0}$，$\beta = \left(\dfrac{r}{B^2}\right)$，$W\left(u_a, u_y, \dfrac{r}{B}, z_D\right)$ 称

为 Neuman 井函数。

0.1.5 规则边界影响下的井流运动

前述的解析模型都是基于无限含水层假设条件之上的，仅当抽水井距离边界较远且抽水影响范围不会扩展到边界时，才可将含水层概化为理想条件。自然条件下，人们更常遇到的是抽水井附近或抽水影响范围内存在各类不同形态的边界，并对地下水流运动过程产生影响。

对于这种复杂条件，首先对边界形态进行规则化处理（例如：半无限含水层、扇形含水层、条形含水层、矩形含水层等），其次将边界类型概化为补给边界和隔水边界两类，再通过镜像法将有限含水层变换成无限含水层；此时便可以采用叠加原理进行计算。例如：

（1）直线补给边界附近的承压稳定井流：

$$s = s_1 + (-s_2) = \frac{Q}{2\pi T}\ln\frac{R_0}{r_1} + \frac{-Q}{2\pi T}\ln\frac{R_0}{r_2} = \frac{Q}{2\pi T}\ln\frac{r_2}{r_1} \tag{0.10}$$

式中：s 为边界附近任一点 $p(x, y)$ 的降深值；s_1 为由实井引起的降深值；s_2 为由虚井引起的降深；r_1 为研究点至实井的距离；r_2 为研究点至虚井的距离。

（2）直线隔水边界附近的承压稳定井流：

$$s = s_1 + s_2 = \frac{Q}{2\pi T}\ln\frac{R_0}{r_1} + \frac{Q}{2\pi T}\ln\frac{R_0}{r_2} = \frac{Q}{2\pi T}\ln\frac{R_0^2}{r_1 r_2} \tag{0.11}$$

式中：各符号含义同前。

0.1.6　解析法的重要性及优缺点

解析法是科学家对地下水运动规律进行定量化的初始工具，是其他定量评价方法的重要基础和参考；更重要的是，解析法的发展历史充分体现了科学家对地下水运动规律和机理在认识上的不断深入。

应用解析法可以得到所求未知量（如水位、浓度等）在任意位置、任意时刻的值，称为解析解或精确解。但在建立解析模型时，需要对地质、水文地质条件进行大量的简化，一般来说，它只适用于含水层几何形状简单，并且是均质、各向同性的情形。对于稍微复杂的水文地质条件，例如非均质、各向异性、非规则边界等，其相应的数学模型的建立和解析解的求取则变得相当复杂和困难，很多模型在当前条件下甚至是不可能得结果的；而如果在不满足基本假设前提下勉强应用解析法，常常需要削足适履、大量简化水文地质条件，这样得到的结果，可能与实际情况相差较大。因此，解析法难以反映复杂自然条件和复杂人类活动干扰条件下的地下水运动特征。

0.2　物　理　模　型

奥地利土木水利工程学家菲利浦·福熙海麦（Philip Forchheimer，1852—1933）是第一位采用物理砂箱模型演示地下水流现象（1898）的学者。在砂箱模型中，实际尺度的水文地质条件按照一定比例缩小到实验室尺度，含水层介质装入砂箱，设定合适的边界条件，模拟抽水、注水、溶质运移、海水入侵等现象（图 0.1）。

物理模型盛行于 1930—1950 年间，由于对区域地下水流的物理模拟成本高、耗时长，因此，在 20 世纪 60 年代以后，伴随其他新的水文地质定量分析方法的不断出现，物理模拟的研究和应用受到一定程度的抑制。但 90 年代以来，物理模拟在裂隙介质中的水流和溶质运移、多相流体运移、优势流模拟等一系列复杂水文地质问题研究中获得了广泛的关注和运用[3]，是地下水运动、物质和能量转化以及传输规律和机理研究的主要方法。

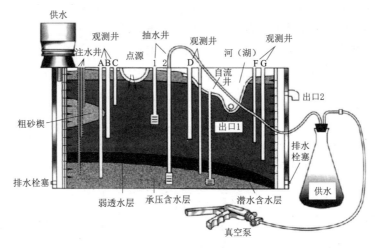

图 0.1　砂箱模型示意图

0.3　相　似　模　型

基于两种物理系统在运动特征等方面的相似性，利用易于掌控和分析的一种系统去模拟另外一个系统的运动规律。从广义上说，这种方法也属于物理模拟，但所采用的模拟介质或流体追求的是性质和运动原理上的相似，与砂槽、砂箱等基于水文地质材料的物理模拟有较大差异，因此，称其为相似模拟。随着新的先进计算方法的出现和普及，相似模拟在今天已十分少见。

0.3.1　电模拟模型

赫伯特（M. King Hubbert）在 1931—1936 年期间进行地球电阻测量时，对地下渗流的物理性质发生了兴趣，并直觉感到水流与电流的运动规律具有相似性。欧姆定律和达西定律在数学上完全类似，表示了流动和势之间的关系，并且包含一个反映材料性质的比例常数：

$$欧姆定律：\quad I = -\sigma \frac{dV}{dx} \tag{0.12}$$

式中：I 为电流强度；σ 为电导率；dV/dx 为电压梯度。

$$达西定律：\quad q = -K \frac{dh}{dx} \tag{0.13}$$

式（0.13）中的 q、K、h 与式（0.12）中 I、σ、V 具有相似性，表明地下水在含水地质中的渗流和电流在导体中的流动所遵循的基本定律是相似的。因此，可以采用电网络模型来比拟含水地质体，用电位、电流强度等电学量比拟地下水的水头、流量等物理量，从而实现对地下水渗流运动的模拟[4-5]。

电容的定义是使极板间的电压提高一个单位所需要的电量，它相当于含水层的储水系数，当两个极板之间的电压改变时，电容器存储或释放电量。因此，在电模拟模型中使用电容，使得模拟依赖时间变化的水文地质问题有了可能。

在电模拟方法中，电阻-电容（Resistance - Capacitance，R - C）相似模型（图 0.2）在 20 世纪 60 年代、70 年代应用最为广泛。

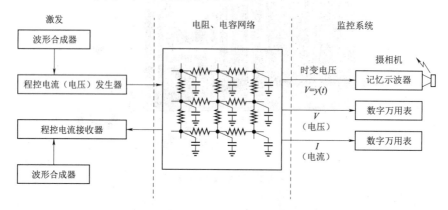

图 0.2 R - C 电模拟系统示意图

电模拟常用的导电材料除了固体导电材料外，还有电解液，并由于其易于成形，且较其他材料经济，广泛用于连续介质模型研究中，尤其是三向电模拟试验（模拟地下水的三维运动）。

0.3.2 黏滞流体模型

赫尔-肖（Hele - Shaw，1897）指出：二维地下水流运动特征与两平行薄板间的黏滞流体运动相似，并提出了在密度流问题（海水入侵）中广泛使用的 Hele - Shaw 模型。假设两平行薄板间的流体运动为层流，则流线可以绘制出流体运动的二维等势场。利用流体运动的 Navier - Stokes 方程以及垂向流条件的裘布依假设，则可导出平均流速为

$$V_m = -\frac{b^2 \rho_m g}{12 \mu_m}\frac{dh}{dx} \tag{0.14}$$

式中：μ_m 为模型流体黏滞度；ρ_m 为模型流体密度；b 为两平行薄板间距离；g 为重力加速度；dh/dx 为水力坡度。

对比式（0.14）和达西定律的表达式（$V = KI$），则模型渗透系数可以写成：

$$K_m = \frac{b^2 \rho_m g}{12 \mu_m} \tag{0.15}$$

显然，从式（0.15）中可以通过改变平板距离 b 以及改变流体密度和黏滞性得到需要的渗透系数值。

模型流体常选择油和甘油，流体加上染料可模拟非承压条件下的自由表面。过去，大量研究人员利用黏滞流体相似模型解决了一系列关于渗漏、排水和海水入侵等问题。

0.4　地下水数值模拟

0.4.1　地下水数值模拟概述

　　解析公式和对应的解析解在数学意义上是精确、可靠的，但其假设条件在现实中却显得异常苛刻，为应用解析法而高度概化水文地质条件，极易造成结果的失真；应用物理模拟方法解决生产问题时，尺度效应是固有缺陷，因为不可能将物理模型做到实际尺度，且在分析条件或方案变化时，物理模型的重构和调整的时间和经济成本均相对较高；相似模拟本质上是一种间接的物理模拟，除对条件或方案变化的响应相对便捷外，同样会存在尺度效应，并由于"相似"本身的限制，也可能使模拟结果存在一定程度上的不确定性。相较于解析公式，地下水数学模型能够更科学地描述地下水运动的时空变化特征，只是对于稍复杂一点的水文地质条件，其数学解析求解变得异常复杂和困难。数学计算方法和计算工具的快速发展，产生了数值计算的思路和方法。

　　地下水数值模拟，即采用离散化方法将时间和空间上连续变化的复杂水文地质问题，简化为一系列在时间和空间上相对独立的简单问题集合，从而将偏微分方程的初值、边值问题，转化为一系列线性代数方程，进而通过对线性代数方程组的求解，获得地下水数学模型精确解的近似结果。这种求解思路和方法，从数学意义上必然会损失一定的精度，但却可使地下水数学模拟不必对现实水文地质条件做过量的概化，从而提升了数学模型对现实世界的仿真程度，也就提升了分析结果的可靠性。在现有人类对自然界认识、观测以及对地下水资源开发利用与管理的水平下，可靠性的提升远较精度的提升更有现实意义。

　　对数学模型求其数值解（近似解）的思想早在20世纪40年代、50年代就已出现，然而由于计算量过大，以至于如果没有数字计算机，哪怕是解一个最简单的问题所需要的时间也是惊人的。1951年，特威利格（Terwilliger）等用数值方法及穿孔卡设备，对油储重力疏干所遇到的二相流问题进行了求解尝试，其后，油储问题的数值计算方法得到了较大发展，直到1956年，斯图尔曼（Stallman）才将数值模拟应用于水文地质计算，并提出了一种用对承压面进行数值分析以确定含水层渗透系数的方法。20世纪60年代以来，随着计算机技术的迅速发展，数值方法作为一种求解近似解的方法被广泛用于地下水水位预报和资源评价中，成为当代水文地质研究与应用的最重要手段之一。近年来，国际上大型野外试验场地研究、随机方法引入、生物过程模型耦合以及计算方法的创新，使地下水数值模拟进入全新研究阶段。

　　地下水数值模拟，包括有限差分法和有限单元法，此外，还有边界元法、有限分析法、多重网格法、无网格法等多种方法，但目前最为主流的计算方法仍然是有限差分法和有限单元法，本教材也着重介绍这两种方法在地下水流和地下水溶质运移模拟中的应用。

　　地下水数值模拟在中国经历了从无到有，从简单的水流模型到比较复杂的物质和热量运移模型；从仿制到独立研制，最后走向世界的发展历程[6]。中国已经差不多对国际上讨论的各种问题建立了相应的数值模拟模型，包括：水资源评价问题；地下水污染问题；水岩作用和生物降解作用的模拟；非饱和带水分和盐分运移问题；海水入侵、高浓度咸水/卤水入侵问题；热量运移和含水层储能问题；地下水管理与合理开发、井渠合理布局和渠道渗漏问题；地下水-地表水联合评价调度问题；地面沉降问题；参数的确定问题。所建立的模型囊括了包括识别模型、预报模型以及管理模型等在内所有的地下水模型类型。

0.4.2　地下水数值计算的特点

与解析法相比，地下水数值法灵活、适应性强，善于模拟复杂的水文地质条件，不仅可以解线性问题，非线性问题也比较容易处理，而且可以用于水文地质的很多领域，如水位预报、水量计算、水质以及水温的计算、地下水的合理开发利用、地下水污染预防与治理等一系列问题。

地下水数值法的计算在通用计算机上进行，不需要像物理模拟和相似模拟那样建立复杂的专门设备；同时，地下水数值计算可以实现程序化，修改算法、修改模型都十分方便。对某一类问题只要编出通用程序后，对不同的具体问题只要按程序整理好数据就可以直接上机计算。

0.4.3　对地下水数值计算的常见误区

由于地下水数值计算方法的迅速普及和水平参差不齐的应用，使得在生产实践中，人们对地下水数值计算方法产生了一些误解。如下这些观点的出现都有一定的现实案例为支撑，但可能过度放大了局部效应。例如：

（1）"数值计算方法的结果总是可按人为意志操控的"。实质上，地下水运动的数学模型是以渗流连续性方程（质量守恒原理）以及达西定律为基础的，具有坚实的理论基础。只要输入确定的水文地质参数、边界条件、源汇项数据，收敛的模型必然具有唯一的确定性结果，其结果并非可以人为任意操控。之所以出现一些负面事例，通常有两种情况：一种是由于人们对研究区的实际水文地质条件以及数据的掌握不够，所输入的各种数据不够准确，甚至不合理，所得的结果自然存在不同程度的可靠性问题；另一种是片面追求模拟结果与实际情况的"接近"程度，随意篡改后台数据、有选择性地展示模拟结果，造成一种"合理性假象"，这样的模型自然经受不住时间和现实的考验。

（2）"数值计算方法获得的结果比其他方法更精确或者更可靠"。这也是一个误区，地下水数值法的求解能力要比解析法、实验法等强，可以适应较为复杂的水文地质条件。但数值计算结果的精确程度或可靠性，取决于水文地质概念模型是否合理、可靠，取决于边界条件、源汇项数据、初始流场是否准确。没有可靠、准确的基础数据支撑，数值法的结果也谈不上准确、可靠，因此，不能不加分析地简单地认为数值法计算结果比其他方法更有优势。

（3）"数值计算方法一定要在水文地质资料和数据十分详尽的情况下才能使用"。地下水数值计算方法，提供的是一种分析工具，它可以在不同工作阶段发挥不同的作用。例如，当对研究区水文地质条件掌握不够充分而需要补充勘探工作量时，数值模型可以帮助确定重点工作区或工作内容；当对一个问题有不同观点时，可以利用数值模型模拟出不同取值条件下的地下水系统的响应，从而帮助人们对某些假设的可能性进行判断。因此，在水文地质资料和数据不充足的时候，地下水数值模型，可以用来帮助工作人员更有效地开展进一步的工作。当然，在这些条件下应用地下水数值模型，需要工作人员清晰地了解模型存在的不确定性。

（4）"数值模型能够准确预测地下水动态"。这是一个对地下水数值模型过于苛求的想法，研究表明，地下水数值模型对于预测实际地下水系统行为的准确性是较差的[7]。其原因主要有：第一，限于技术与成本，我们对实际水文地质条件的认识难以达到"真实"状态，甚至很多情况下都难以达到"足够清晰"的程度；第二，数学模型的"仿真"能力是有限的，必须建立在相对理想的水文地质概念模型基础之上，因此，再准确的数值模型也会与实际情况之间存在偏差；第三，在地下水动态预测之前，未来条件下的边界条件、源汇项等一系要素需要首先预测出来，而这样预测的准确性通常较低。在上述三个因素作用下，不应该对地下水数值模型预测的准确性过于苛求，而是将其视为对各种拟订方案和假设的定量化模拟工具，分析未来地下水系统行为的变化趋势。

第1章

地下水流运动数值模拟

　　由一个或几个表述地下水运动的数学方程式，连同表示该研究地区特定条件（初始条件、边界条件）的数学表达式就构成了一个研究具体地下水运动的数学模型。对数学模型进行运算就能再现地下水的运动过程和规律、预测地下水的变化趋势，而地下水数值模拟就是一种求解方法。

1.1　地下水流运动的基本规律

1.1.1　达西定律

$$\boldsymbol{V}=KI=-K\,\frac{\mathrm{d}H}{\mathrm{d}s} \tag{1.1}$$

用矢量表示渗流速度，形式如下：

$$\boldsymbol{V}=V_x\vec{i}+V_y\vec{j}+V_z\vec{k} \tag{1.2}$$

$$V_x=-K_x\,\frac{\partial h}{\partial x}\quad V_y=-K_y\,\frac{\partial h}{\partial y}\quad V_z=-K_z\,\frac{\partial h}{\partial z}$$

　　上述式中负号表示随着渗流途径的增加，水头逐渐降低。即水头沿着 ds 的方向 dH 增量永远是负的，而水力坡度要求采用正值表达，所以要加一个负号。

　　K_x、K_y、K_z 表示渗透系数在 x、y、z 三个方向上的分量。对于给定的多孔介质，K_x、K_y、K_z 不等时说明介质是各向异性的；而 K_x、K_y、K_z 相等时则说明介质是各向同性的。

　　在三维坐标体系下，渗透系数 K 是一个具有 9 个分量的张量：

$$\boldsymbol{K}=\begin{bmatrix} K_{xx} & K_{xy} & K_{xz} \\ K_{yx} & K_{yy} & K_{yz} \\ K_{zx} & K_{zy} & K_{zz} \end{bmatrix}$$

　　当 x、y、z 3 个坐标轴方向与渗透系数张量主轴方向一致时，K 则可简化为主对角线张量：

$$K=\begin{bmatrix} K_x & 0 & 0 \\ 0 & K_y & 0 \\ 0 & 0 & K_z \end{bmatrix}$$

　　在水力学上，层流与紊流的临界雷诺数约为 2100，该数值通过水流在玻璃圆管中的运动实验得到的。但在多孔介质中，水流的运动空间是曲折和粗糙的，层流和紊流的临界雷诺数最大也只有 100。过去认为达西定律适用于所有做层流运动的地下水，但 19 世纪 40 年代以来的多次实验表明：只有雷诺系数小于 1～10 之间某一数值的层流运动才服从达西定律（图 1.1）[8]。因此，达西定律仅适用于黏滞力为主导的缓慢流动的地下水。大多数天然流动系统中的地下水流速都很小，达西定律普遍适用，但诸如玄武岩中溶蚀大孔隙、灰岩溶蚀通道、坚厚岩石中大的裂隙通道中的地下水及抽水井附近等水力坡度很大地段的地下水，其运动速度相对较快，则不一定适用达西定律。

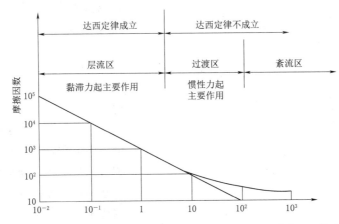

图 1.1　雷诺系数与达西定律的适用范围（参考文献 [8]，有修改）

多孔介质中水流的雷诺数，是参照水力学的定义进行类比得出的：

$$Re = \frac{\rho V d}{\nu} \qquad (1.3)$$

式中：ρ 为流体密度；ν 为流体的黏滞度；V 为流体的速度；d 为多孔介质的某种长度尺寸，在管流试验中 d 是圆管直径，在多孔介质中则应是水流通道的直径，但由于无法方便、准确地测定这个参数，在实际计算过程中则是某种代表性尺寸，例如平均粒径、d_{10} 等[9]。

【例题 1.1】　一个砂质含水层的平均粒径为 0.05cm，水温度 15℃、密度 1g/cm³、黏滞度为 0.0114g/(s·cm)，如果按雷诺数不超过 1 为标准，计算在这种条件下，地下水流符合达西定律的上限流速是多少？

由题目可知 $\nu = 0.0114$g/(s·cm)；$Re = 1$；

则：$V = \dfrac{Re\nu}{\rho d} = 0.0114/(1 \times 0.05) = 0.228(\text{cm/s}) = 198.72(\text{m/d})$

因此，在题目所给定的条件下，地下水流速不超过 198.72m/d 时，其运动规律可用达西定律来描述。在实际的多孔介质中，即便是含水介质的渗透系数很大，但与水力坡度相乘后，其达西流速值往往非常小，所以说，大多数天然地下水流动规律均普遍适用达西定律。

1.1.2　渗流连续性方程

在充满液体的渗流区内取一个无限小的平行六面体（图 1.2）来研究其中水流的平衡关系所得到的结果就是渗流连续性方程。它是质量守恒定律在渗流研究中的具体应用，是研究地下水运动的基本方程。

设六面体的各边长度为 Δx、Δy、Δz，并且和坐标轴平行。则该六面体内的水流平衡关系可表示为

$$-\left[\frac{\partial(\rho V_x)}{\partial x}+\frac{\partial(\rho V_y)}{\partial y}+\frac{\partial(\rho V_z)}{\partial z}\right]\Delta x\,\Delta y\,\Delta z=\frac{\partial}{\partial t}\left[\rho n\,\Delta x\,\Delta y\,\Delta z\right] \tag{1.4}$$

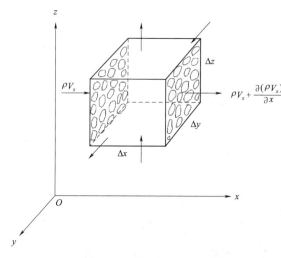

图 1.2　渗流分析单元

式中：V_x、V_y、V_z 是 p 点沿坐标轴的渗透速度的分量；$\rho n\,\Delta x\,\Delta y\,\Delta z$ 为平行六面体内液体的质量；$\frac{\partial}{\partial t}(\rho n\,\Delta x\,\Delta y\,\Delta z)$ 为平行六面体内液体质量的变化量，即储存量的变化量。

式（1.4）即为非稳定流的渗流连续方程，表明渗流场中任意体积含水层流入、流出该体积含水层中水的质量差永远恒等于该体积中水质量的变化量。它表达了渗流区内任何一个"局部"所必须满足的质量守恒定律。

如果把地下水当作不可压缩的均质液体，ρ 取常数、n 不变，即水和介质没有弹性变形，同时设流入和流出六面体的总的质量差为零（稳定流），则有：

$$\frac{\partial V_x}{\partial x}+\frac{\partial V_y}{\partial y}+\frac{\partial V_z}{\partial z}=0 \tag{1.5}$$

即为稳定流条件下的渗流连续性方程。式（1.5）表明，在同一时间内流入单元体的水体积等于流出的水体积，即体积守恒。

连续性方程是研究地下水运动的基本方程，各种研究地下水运动的微分方程都是根据连续性方程和反映质量守恒定律的方程建立起来的。

1.1.3　承压水非稳定运动的基本微分方程

基于渗流连续性方程，可以建立起地下水运动的基本微分方程。

（1）三维非稳定流。

1）非均质各向异性介质：

$$\frac{\partial}{\partial x}\left(K_{xx}\frac{\partial H}{\partial x}\right)+\frac{\partial}{\partial y}\left(K_{yy}\frac{\partial H}{\partial y}\right)+\frac{\partial}{\partial z}\left(K_{zz}\frac{\partial H}{\partial z}\right)+w=S_s\frac{\partial H}{\partial t} \tag{1.6}$$

2）非均质各向同性介质：

$$\frac{\partial}{\partial x}\left(K\frac{\partial H}{\partial x}\right)+\frac{\partial}{\partial y}\left(K\frac{\partial H}{\partial y}\right)+\frac{\partial}{\partial z}\left(K\frac{\partial H}{\partial z}\right)+w=S_s\frac{\partial H}{\partial t} \tag{1.7}$$

3）均质各向同性介质：

$$K\left[\frac{\partial^2 H}{\partial x^2}+\frac{\partial^2 H}{\partial y^2}+\frac{\partial^2 H}{\partial z^2}\right]+w=S_s\frac{\partial H}{\partial t} \tag{1.8}$$

式中：w 为单位时间、单位体积上的源汇项，d^{-1}；S_s 为储水率，水头降低一个单位时，从单位面积含水层中释放出的水量，m^{-1}。

（2）二维非稳定流。

1）非均质各向同性介质：

$$\frac{\partial}{\partial x}\left(T\frac{\partial H}{\partial x}\right)+\frac{\partial}{\partial y}\left(T\frac{\partial H}{\partial y}\right)+W=\mu^*\frac{\partial H}{\partial t} \tag{1.9}$$

2）均质各向同性介质：

$$T\left(\frac{\partial^2 H}{\partial x^2}+\frac{\partial^2 H}{\partial y^2}\right)+W=\mu^*\frac{\partial H}{\partial t} \tag{1.10}$$

式中：W 为单位时间、单位面积上的源汇项，m/d；μ^* 为储水系数（释水系数），它表示当水头升高（或降低）一个单位时，单位含水层面积、高度为含水层厚度的柱体中所释放出来（储存起来）的水量（体积），无量纲。

μ^* 与弹性储水率 S_s 的关系为 $\mu^*=S_s M$，其中 M 为承压含水层厚度。

1.1.4 潜水非稳定运动的基本微分方程

（1）三维非稳定流：

$$\frac{\partial}{\partial x}\left(K_{xx}\frac{\partial H}{\partial x}\right)+\frac{\partial}{\partial y}\left(K_{yy}\frac{\partial H}{\partial y}\right)+\frac{\partial}{\partial z}\left(K_{zz}\frac{\partial H}{\partial z}\right)+w=S_s\frac{\partial H}{\partial t} \tag{1.11}$$

（2）二维非稳定流：

$$\frac{\partial}{\partial x}\left[K_x(H-B)\frac{\partial H}{\partial x}\right]+\frac{\partial}{\partial y}\left[K_y(H-B)\frac{\partial H}{\partial y}\right]+W=\mu\frac{\partial H}{\partial t} \tag{1.12}$$

上述方程为二阶非线性偏微分方程，除了对某些个别情况找到几个特解外，上述方程还没有精确的解析解。

需要注意的是，在地下水三维流运动条件下，渗流基本微分方程并不区分潜水和承压水，二者的表达式是一致的。以下是几种常见的错误写法。

（1）将弹性储水率 S_s（单位：m^{-1}）写成弹性储水系数 μ^*：

$$\frac{\partial}{\partial x}\left(K_{xx}\frac{\partial H}{\partial x}\right)+\frac{\partial}{\partial y}\left(K_{yy}\frac{\partial H}{\partial y}\right)+\frac{\partial}{\partial z}\left(K_{zz}\frac{\partial H}{\partial z}\right)+w=\mu^*\frac{\partial H}{\partial t} \tag{1.13}$$

（2）采用导水系数（z 方向的导水系数没有水文地质意义）：

$$\frac{\partial}{\partial x}\left(T_{xx}\frac{\partial H}{\partial x}\right)+\frac{\partial}{\partial y}\left(T_{yy}\frac{\partial H}{\partial y}\right)+\frac{\partial}{\partial z}\left(T_{zz}\frac{\partial H}{\partial z}\right)+w=\mu^*\frac{\partial H}{\partial t} \tag{1.14}$$

（3）在表达潜水三维非稳定运动时，将弹性储水率 S_s 写成给水度 μ：

$$\frac{\partial}{\partial x}\left(K_{xx}\frac{\partial H}{\partial x}\right)+\frac{\partial}{\partial y}\left(K_{yy}\frac{\partial H}{\partial y}\right)+\frac{\partial}{\partial z}\left(K_{zz}\frac{\partial H}{\partial z}\right)+w=\mu\frac{\partial H}{\partial t} \tag{1.15}$$

1.1.5 定解条件

一个偏微分方程的适用范围很广，满足一个偏微分方程的解也是很多的。因此，单从方程本身而言，其解是不确定的。要把解确定下来，也即为了能从全部解中选出

15

一个能满足某个具体问题的确定的解，就必须加上一些用来表达该问题的特定的附加条件。这些附加条件就是通常所说的边界条件和初始条件，合称定解条件。

1.1.5.1　边界条件

边界条件给定在某个渗流区的边界上，用以表达渗流区边界所处的物理条件，即水头（或渗流量）在渗流区边界上所应满足的条件。它表明渗流区内水流与周围环境的制约关系。

1. 第一类边界条件（Dirichlet – type）

边界上各点在每一时刻的水头都是已知的。

$$H(x,y,z,t)|_{S_1}=\phi_1(x,y,z,t) \quad (x,y,z)\in S_1 \tag{1.16}$$

自然界中可作为第一类边界条件的情况，较为常见的有如下几种：

（1）河流、湖泊切割含水层，地表水与地下水有直接的水力联系时，可将地表水体作为一类边界。需要注意的是，某些河、湖底部、两侧沉积有一定厚度的低渗透物质，阻碍了地表水与地下水之间直接的水力联系，尽管河湖水位是已知的，但也不能将其视为第一类边界条件。

（2）如果边界上存在一定数量的地下水位观测孔，地下水位的变化规律可从观测孔监测数据获得时，可将此边界划分为一类边界。

（3）泉是地下水的天然露头，因此，泉水在不被疏干的情况下也可做第一类边界。

在模型计算过程中，一类边界为了保持自身水位固定在给定的水位值，只要区域内部的水头比它低时，它就产生供水效应，当区域内部的水头比它高时，它就产生吸纳效应，由于这种边界在模型计算中容易产生巨量释水或吸纳效应，因此，在实际计算中应该慎重使用，否则容易导致对地下水位动态变化的错误判断。

2. 第二类边界条件（Neuman – type）

边界流量已知时，称为第二类边界或给定流量的边界。相应的边界条件为

$$K\frac{\partial H}{\partial \boldsymbol{n}}|_{S_2}=q_1(x,y,z,t) \quad (x,y,z)\in S_2 \tag{1.17}$$

常见的第二类边界：①隔水边界，在均质各向同性介质条件下，表达式可以简化为 $\frac{\partial H}{\partial \boldsymbol{n}}=0$；②地下分水岭，虽然分水岭的形状和位置可能在连续地变化，但有时仍可以近似地取它的平均情况作为研究区的隔水边界；③取流线作研究区边界时，因流线处处与流速矢量相切，所以和它垂直的方向上是没有水流的。

3. 第三类边界条件（Cauchy – type）

边界上水位与流量的线性组合已知，即

$$\frac{\partial H}{\partial \boldsymbol{n}}+\alpha H=\beta \tag{1.18}$$

式中：α、β 为边界上的已知函数。

如图 1.3 所示：研究区边界上分布有相对较薄的弱透水层，另一侧为地表水体。弱透水层的存在造成边界两侧同一位置 A 点和 P 点上的水头不同，以 H 代表 P 点地

下水头；H_n 代表 A 点的河水位，当忽略弱透水层内的储存量变化时，则有

$$K \frac{\partial H}{\partial \boldsymbol{n}}\bigg|_{S_3} = \frac{K_1}{m_1}(H_n - H) \tag{1.19}$$

式中：K 为研究区的渗透系数，m/d；K_1 为弱透水层的渗透系数，m/d；m_1 为弱透水层的厚度，m。

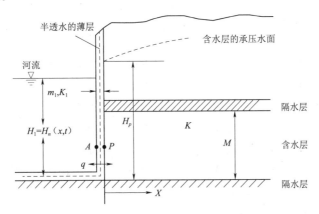

图 1.3　第三类边界条件示意图

第二类边界条件（1.17），其右端项 q 是已知的（例如，通过某些方法可以确定），而第三类边界条件（1.19），其右端项则仅给出了计算公式，其值是尚未确切知晓的。

式（1.19）还可进一步改写为如下形式：

$$K \frac{\partial H}{\partial \boldsymbol{n}} - \frac{H_n - H}{\sigma^-}\bigg|_{S_3} = 0 \tag{1.20}$$

式中：$\sigma^- = \dfrac{K_1}{m_1}$

对于图 1.3 所示的二维流情况，还可以写成：

$$T \frac{\partial H}{\partial \boldsymbol{n}} - M \frac{H_n - H}{\sigma^-}\bigg|_{\Gamma_3} = 0 \tag{1.21}$$

1.1.5.2　初始条件

初始条件用以表达渗流区水位分布的初始状态，即给定某一选定的时刻（通常用 $t=0$ 来表示），渗流区内各点的水头值式（1.22）。

$$H(x,y,z,t)\big|_{t=0} = H_0(x,y,z) \quad (x,y,z)\in\Omega \tag{1.22}$$

式中：$H_0(x,y,z)$ 为渗流区 Ω 内的已知函数。

初始时刻并不是绝对意义上的"原始"时刻，而是根据需要和已有数据资料，所选择的模拟起始时间。

求解稳定渗流的偏微分方程只需列出边界条件即可（可称之为边值问题），因为在特定的边界条件下，无论初始条件如何，地下水渗流场最终将演化出唯一的稳定状态。而求解非稳定渗流问题的偏微分方程，除边界条件外还必须有准确的初始条件（可称之为混合问题，或初边值问题），因为非稳定流过程是一个初值敏感的时变过程，在其他条件完全相同时，不同的初始水位分布也会导致不同的模拟结果。

1.1.6　数学模型

基于实际水文地质条件，从研究目标和问题特点出发，忽略一些和当前问题无关或关系不大的因素，建立水文地质概念模型，采用一组数学式来刻画它的数量关系和空间形式，形成数学模型。

数学模型常可划分为随机模型和确定性模型两种类型：数学模型中包括一个或多个随机变量的模型称为随机模型；而如果模型中各个变量有严格的确定性关系称为确定性模型。

确定了相应的渗流区范围、形状和方程中出现的各种参数值后，一个确定性数学模型包括能够描述地下水运动规律的偏微分方程、边界条件和（或）初始条件。

【例题 1.2】　研究区的地质情况如图 1.4 所示：设 $P(x, y, t)$ 代表单位时间、单位面积上的垂向补给量（包括天然和人工补给量），$W(x, y, t)$ 为计划开采区单位面积上的排泄量。边界 BC 为天然的隔水边界；河流切穿整个合水层，两者有密切的水力联系；在远离开采区（不受开采影响的地段）以流线为边界；水文地质参数 K、μ 均已知。试写出潜水二维非稳定流数学模型。

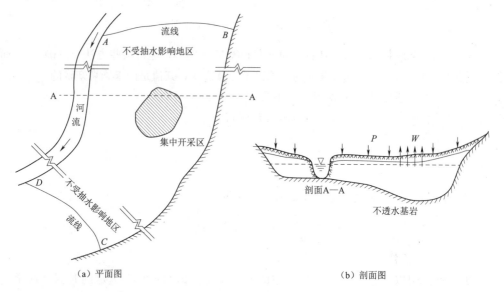

（a）平面图　　　　　　　　　　　　　　　　　（b）剖面图

图 1.4　研究区示意图（据 Jacob Bear，1982；有修改）

解：根据上述条件，写出数学模型如下：

$$
\begin{cases}
\dfrac{\partial}{\partial x}\left[K(H-z)\dfrac{\partial H}{\partial x}\right]+\dfrac{\partial}{\partial y}\left[K(H-z)\dfrac{\partial H}{\partial y}\right]+P-W=\mu\dfrac{\partial H}{\partial t} & (x,y)\in D,\ t\geqslant 0 \\[3mm]
H(x,y,t)\,|AD=H_1(x,y,t) & (x,y)\in AD,\ t\geqslant 0 \\[3mm]
\dfrac{\partial H}{\partial \boldsymbol{n}}\bigg|AB、BC、CD=0 & \\[3mm]
H(x,y,t)\,|_{t=0}=H_0(x,y) & (x,y)\in D
\end{cases}
$$

$$(1.23)$$

对数学模型（1.23）求解，可以得到水头 H，采用解析法可求得该模型的精确解，即任意时间、任意位置上的水位值 $H(x，y，t)$；采用数值法可求得该模型的近似解，即有限个时刻、有限个点上的水位 $H(x_i，y_i，t_i)$。

1.2　地下水流数值模拟有限差分法

1.2.1　离散化方法

假设有一潜水含水层区域 G，入渗强度为 $\varepsilon(x，y)$，求单位时间内进入含水层中的入渗量。

解：先给出求解的通式：

$$Q_{入渗} = \iint_G \varepsilon(x，y)\mathrm{d}x\mathrm{d}y \tag{1.24}$$

（1）简单条件。入渗强度 $\varepsilon(x，y)$ 为常数，入渗区范围 G 为规则形状（矩形）时，可用解析法：

$$Q_{入渗} = \varepsilon ab \tag{1.25}$$

（2）复杂条件。入渗强度 $\varepsilon(x，y)$ 为变量，且入渗区范围 G 为不规则形状时，则基本上难以用解析法直接计算结果。这时可以通过离散化处理方法，求出近似值：将全区剖分成若干个小的规则单元（矩形、三角形或其他规则形状，图 1.5），使每个单元上的入渗强度近似为常量，这样便可求出每个单元上的入渗量 Q_i，将全部单元的入渗量加起来（$\sum_{i=1}^{n} Q_i$）就近似等于入渗区域 G 上的总入渗量。

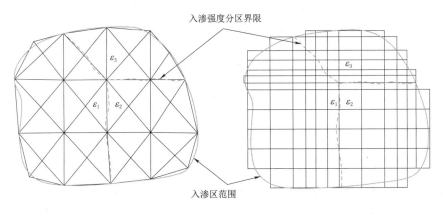

（a）三角单元离散　　　　　　　　　　　（b）矩形离散

图 1.5　研究区离散示意图

1.2.1.1　离散化的概念

在一定的精度要求下，把复杂的研究区域剖分（离散）成有限个规则单元的集合体，每个单元上的各种参数可以近似为常量，这个过程称为离散化。离散化后，整体的计算问题便等同于有限个单元组合体的计算。

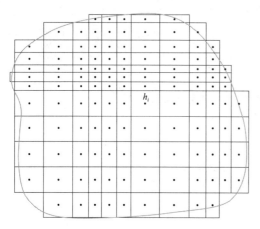

图 1.6 用空间离散的地下水位点（h_i）逼近
连续变化的地下水面

1.2.1.2 离散化方法在数值法中的应用

采用离散化方法求解数学模型的过程，也就是地下水数值法。

把要研究的渗流区域按一定的方式剖分（离散）成有限个规则小单元，单元内各种参数视为常数，单元内的水位以单元中心（或节点）水位（h_i）表征，相邻单元间的水头变化看作是近似线性的。

在微分方程的基础上，建立每个离散点 h_i 的代数方程，利用定解条件组成代数方程组，求解得到有限个离散点在某一时刻 t_i 的水位值；重复上述计算过程可得下一时段这些点的水位值。

离散化方法及数值解的特点：

（1）用有限个相对规则的计算单元逼近复杂形状的渗流域（图 1.5）；

（2）用有限个节点的水位值逼近空间上连续变化的水位值（图 1.6～图 1.7）；

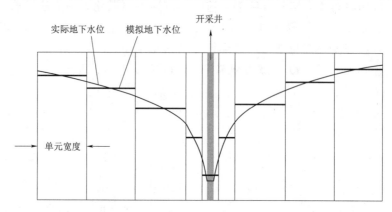

图 1.7 用空间离散的地下水位点逼近连续变化的地下水位线（剖面图）

（3）用有限个时刻的水位值逼近时间上连续变化的水位值（图 1.8）。

由于建立代数方程组的方法不同，就产生了各种各样的离散化方法。求解地下水在多孔介质中运动数学模型的主要数值方法包括：有限差分法（Finite Difference Method，DEM）、有限单元法（Finite Element Method，FEM）、边界元法（Boundary Element Method，BEM）、有限体积法（Finite Volume Method，FVM）等，其中有限差分法和有限单元法

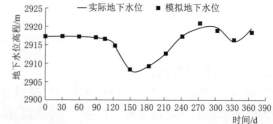

图 1.8 用时间上离散的地下水位逼近连续变化水位

应用最为广泛，为本书主要讲述的内容。

1.2.2　有限差分法

有限差分法是一种古典的数值计算方法，是最早应用于地下水流动问题数值计算的一种方法，具有原理简单、物理意义清楚的特点。

该方法最早盛行于工程科学中，20 世纪 40 年代后期开始应用于解决土工渗流问题。在计算机未出现之前，有限差分法在水文地质计算中的应用仅限于小规模的地下水流模拟。20 世纪 60 年代开始，随着计算机运算速度和容量的提高，数值模拟才开始广泛地应用于大规模实际地下水流的计算。

有限差分法，之所以最早应用于地下水数值模拟领域，且至今仍然是主流计算方法之一，有以下三点原因。

（1）有限差分法的数学原理简单，不需要数值计算的特别知识就可掌握，易懂、易学、易用。

（2）有限差分法可以令使用者建立起每个计算区域清晰的水量均衡关系，并进一步确定整个计算域的水量均衡。

（3）尽管矩形网格剖分方法难以准确模拟实际计算域的形态，但这在地下水数值模拟中并不十分重要，因为计算域的边界条件本身往往难以被确切掌握。

1.2.2.1　有限差分法的基本思想

用渗流区内有限个离散点的集合代替连续变化的渗流区，在这些离散点上用差商近似代替导数，将偏微分方程及其定解条件离散为有限个代数方程并求解，从而求得渗流域内有限个离散点在有限个时刻的地下水位近似值。

1.2.2.2　基本原理

函数 $h(x, y)$ 在任意点的导数，即为该点切线的斜率。$h(x, y)$ 沿 x 方向的偏导数为

$$\frac{\partial h}{\partial x} = \lim_{\Delta x \to 0} \frac{h(x + \Delta x) - h(x)}{\Delta x} \approx \frac{h(x + \Delta x) - h(x)}{\Delta x} \tag{1.26}$$

当 Δx 很小时，可用差商近似代替导数。

为推导方便，设 h_{j-1}，h_j，h_{j+1} 分别表示 $h(x - \Delta x)$、$h(x)$ 和 $h(x + \Delta x)$。

1. 向前差商

以 j 为基准点，水头 $h(x, y, t)$ 沿 x 正方向展开成泰勒级数：

$$h_{j+1} = h_j + h' \Delta x + \frac{h''}{2!}(\Delta x)^2 + \cdots \tag{1.27}$$

$$h' = \frac{h_{j+1} - h_j}{\Delta x} + o(\Delta x)$$

$$h' \approx \frac{h_{j+1} - h_j}{\Delta x} \tag{1.28}$$

式（1.28）与式（1.27）相比，其误差可视为截断泰勒级数所产生，称其为截断误差，并用被截断级数的第一项来表示，记为 $o(\Delta x)$。

2. 向后差商

以 j 为基准点，水头 $h(x, y, t)$ 沿 x 负方向展开成泰勒级数：

$$h_{j-1} = h_j - h'\Delta x + \frac{h''}{2!}(\Delta x)^2 - \cdots \tag{1.29}$$

$$h' = \frac{h_j - h_{j-1}}{\Delta x} + o(\Delta x)$$

$$h' \approx \frac{h_j - h_{j-1}}{\Delta x} \tag{1.30}$$

3. 中心差商

式 (1.27) 与式 (1.29) 相减，得

$$h_{j+1} - h_{j-1} = 2h'\Delta x + \frac{2h'''}{3!}(\Delta x)^3 + \cdots \tag{1.31}$$

$$h' = \frac{h_{j+1} - h_{j-1}}{2\Delta x} + o(\Delta x)^2$$

$$h' \approx \frac{h_{j+1} - h_{j-1}}{2\Delta x} \tag{1.32}$$

4. 二阶差商

式 (1.27) 与式 (1.29) 相加，得

$$h_{j+1} + h_{j-1} = 2h_j + h''(\Delta x)^2 + \frac{2h^{(4)}}{4!}(\Delta x)^4 + \cdots \tag{1.33}$$

$$h'' = \frac{h_{j+1} - 2h_j + h_{j-1}}{(\Delta x)^2} + o(\Delta x)^2$$

$$h'' \approx \frac{h_{j+1} - 2h_j + h_{j-1}}{(\Delta x)^2} \tag{1.34}$$

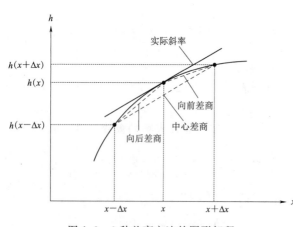

图 1.9　3 种差商方法的图形解释

小结：①用差商代替导数，存在截断误差；②在相同条件下（步长、参数相同），中心差商的误差较小；③向前、向后和中心差商，分别代表水位 h 在 x 点偏导数的近似求解方法（图 1.9）。

有限差分法极大简化了地下水数学模型的计算问题，例如，将微分方程 $T\left(\dfrac{\partial^2 h}{\partial x^2} + \dfrac{\partial^2 h}{\partial y^2}\right) = \mu^* \dfrac{\partial h}{\partial t}$ 变为差分方程：

$$T\left[\frac{h_{j+1} - 2h_j + h_{j-1}}{(\Delta x)^2} + \frac{h_{i+1} - 2h_i + h_{i-1}}{(\Delta y)^2}\right] = \mu^* \frac{h_{i,j}^{t+1} - h_{i,j}^t}{\Delta t} \tag{1.35}$$

式 (1.35) 中只有四则运算，可以人工求解。

1.2.3　承压二维非稳定流有限差分方程及其求解

1.2.3.1　数学模型

$$\begin{cases} \dfrac{\partial}{\partial x}\left(T\,\dfrac{\partial h}{\partial x}\right)+\dfrac{\partial}{\partial y}\left(T\,\dfrac{\partial h}{\partial y}\right)+w(x,y,t)=\mu^{*}\dfrac{\partial h}{\partial t} & (x,y)\in D, t\geqslant 0 \\[2mm] h(x,y,t)_{t=0}=h_{0}(x,y) & (x,y)\in D, t=0 \\[2mm] h(x,y,t)|_{\Gamma_{1}}=h_{1}(x,y,t) & (x,y)\in \Gamma_{1}, t\geqslant 0 \\[2mm] T\,\dfrac{\partial h}{\partial \boldsymbol{n}}\bigg|_{\Gamma_{2}}=q(t) & (x,y)\in \Gamma_{2}, t\geqslant 0 \end{cases} \tag{1.36}$$

式中：变量和参数意义同前。

1.2.3.2　时空离散

由于所计算的水头值，既是时间的函数，又是空间的函数，离散化过程包含了时间离散和空间离散。

1. 时间离散

时间离散的目的，使同一个基本计算时段内的水位和源汇项等为常量，降低水文地质问题在时间上的复杂性。

将连续的时间分割成相等或不等的时段 Δt_{n} 的集合 [式 (1.37)]，即为时间离散，并称 Δt_{i} 为时间步长。

$$T=\Delta t_{1}+\Delta t_{2}+\cdots+\Delta t_{n-1}+\Delta t_{n} \tag{1.37}$$

每个时间步长都有起始时刻和终止时刻，其地下水位可分别记为 h^{t} 和 h^{t+1}。有限差分方法，通过计算空间单元在每个时间步长上的水量均衡方程，求得该时间步长终止时刻的地下水位值（h^{t+1}）。

合理时间步长的划分，并没有统一的标准，可通过综合分析进行确定：

（1）数据输入需求：将边界条件（如地下水位、河流水位、边界流量等）、源汇项（如地下水开采量、大气降水入渗量、灌溉回渗量等）等与时间有关的数据进行分段处理（图 1.10），使每个时间段上的水位、流量或补排强度可采用均一值或者可采用线性变化规律进行赋值。这种时段，在 USGS MODFLOW 中被定义为"应力期"（stress period），可理解为宏观意义上的时间步长。

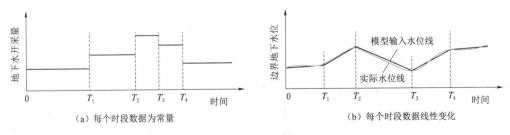

图 1.10　输入数据时间离散效应示意图

（2）数值计算需求：上述应力期的设置和观测频率及其所体现出的数据规律有关，最常见的时段长度为"月"，但在数值计算时，为了更精确地逼近地下水位在时间上的连续变化，往往需要设置更小的计算时间步长（time step）（图 1.11）；另外，对于某些计算方法，时间步长过大可能导致计算精度不足，甚至结果不能收敛，但时间步长过小，可能导致运算量过大、影响计算效率，并造成计算过程中舍入误差的累积[10]。

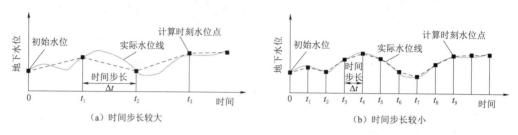

图 1.11　计算时间步长离散效应示意图

（3）结果分析需求：不同类型的问题，地下水位随时间的变化规律和特征不同。例如，对抽水试验的流场模拟，如果要体现初始阶段地下水位的快速变化，则时间步长应以分钟为单位进行设置；对于建筑基坑降水等短期问题的模拟，可以采用小时为单位；但对于地下水资源评价问题，则以天为时间步长单位通常就足够了。

在数值计算过程中，后一时刻（$t+\Delta t$）的水位计算值 h^{t+1}，总是需要以前一时刻 t 的水位 h^t 为初值。时间步长 Δt 可以是固定的时间长度，也可以是变化的时间长度。对于不均匀时间步长，为了获得较高的计算精度，一般要求计算初期时间步长较小，后期可适当增大。G. F. Pinder 等提出采用 $\Delta t_{n+1}=1.25\Delta t_n$ 原则控制时间步长[10]；在 USGS MODFLOW 程序中，默认条件下将每个应力期（stress peroid）设置为 10 个时间步长（time steps），并采用 $\Delta t_{n+1}=1.2\Delta t_n$ 关系分配每个步长的时段长度。

2. 空间离散

空间离散的目的，使同一个基本计算单元内的水文地质条件或源汇条件均一化，降低水文地质问题在空间上的复杂性。

原则上，渗流域可以离散成各种规则形状，比如三角形、矩形、多边形等。目前比较成熟的剖分方法是正交网格（矩形）剖分法。正交网格剖分中，网格间距 Δx、Δy、Δz 称为空间步长；通过剖分，一个三维含水层系统便被剖分为一个三维的网格系统：整个含水层被剖分为若干层（k），每一层又被剖分为若干行（i）和若干列（j），这样，一个含水层便可由许多小长方体来表示，并称其为计算单元（cell）。每个计算单元的位置可以用该计算单元所在的行号（i）、列号（j）和层号（k）来表示，即（i, j, k）（图 1.12 和图 1.13）。

有限差分法的计算可以分为两大类：单元中心法（图 1.14）和结点中心法（图 1.15）。二者之间的差别主要在于渗流边界的处理上。在单元中心法中，渗流边界总是位于计算单元的边线上，每个网格都相当于一个均衡区，也称此类网格为均衡（区）网格，这种离散点通常称为格点；而在结点中心法中，渗流边界则与计算单元的中心位置相吻合，将离散点置于网格的交点处，网格本身并非均衡区，采用这种网格系统时，研究区的边界一般逼近结点。一般来说，在比较复杂的计算程序中，由于对边界的处理比较容易，故多采用单元中心法，本书也采用这种剖分计算方法。

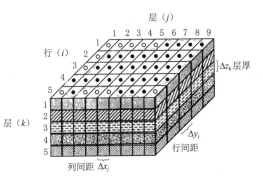

图 1.12 三维立体剖分示意图

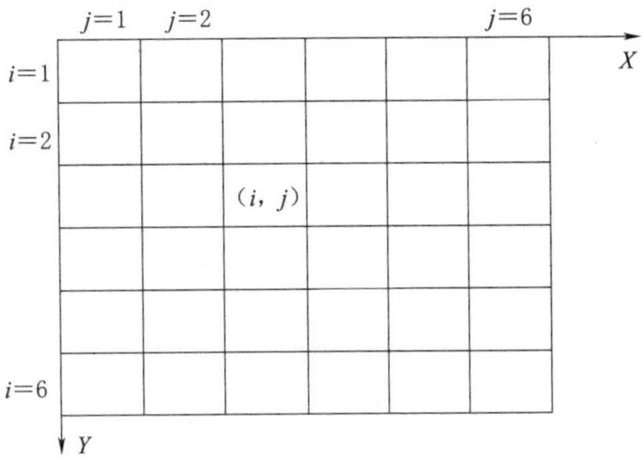

图 1.13 二维平面剖分示意图

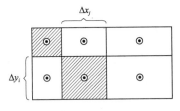

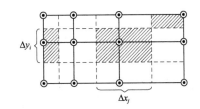

图 1.14 单元中心法

图 1.15 结点中心法

从差商和导数的关系上分析，原则上计算单元越小，其截断误差也越小，对空间复杂性的逼近程度越高，同时计算工作量越大。实际工作中，对于剖分行、列、层的数量，并没有严格的统一标准。与时间步长划分的原则类似，空间步长的确定，要结合所研究问题的特点和目标需求、水文地质条件的复杂程度以及所掌握数据的丰富程度等因素综合考虑。常见的一些原则可供参考。

（1）垂向上是否分层，以及分几层的问题，主要考虑的是问题的性质。例如，坝区渗流、地面沉降等均是典型的三维流问题，必须划分多个模型层进行计算，才能体现出地下水的垂向运动规律；对于有潜水、承压水多个含水层组的情况，应视研究问题需求、含水层水力联系以及资料掌握程度，合理划分模型层；而如果对含水层岩性相对均一、非巨厚含水层、地下水类型单一地区，二维流和三维流模拟并不会产生显著的区别，可以不细化分层。

（2）平面上空间步长（Δx、Δy）的划分，主要考虑水文地质条件以及源汇项空间分布的复杂程度、地下水流场空间分布特征等。例如，地下水位降落漏斗等水力坡度大的地区，空间步长宜小；水文地质参数均一、补排强度均匀且地下水流场空间变化平缓的区域，空间步长可适当增大。另外，对未来的地下水集中开采区，也应设置较小的空间步长（即增加剖分行和列的密度），使模拟预测结果可以合理地体现出流场变化特征。

1.2.3.3 数学角度建立差分方程

1.2.3.3.1 微分方程的离散

1. 矩形等距剖分构造差分方程

$$\frac{\partial}{\partial x}\left(T\frac{\partial h}{\partial x}\right)+\frac{\partial}{\partial y}\left(T\frac{\partial h}{\partial y}\right)+w(x,y,t)=\mu^{*}\frac{\partial h}{\partial t} \tag{1.38}$$

下面采用中心差商方法推导上式在典型结点（i，j）处的有限差分方程：

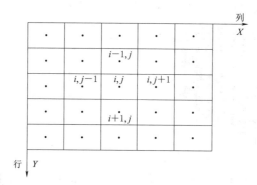

图 1.16　剖分及结点编码示意图

$$\frac{\partial H}{\partial x}\Big|(i,j) \approx \frac{H_{i,j+\frac{1}{2}} - H_{i,j-\frac{1}{2}}}{\Delta x}$$

$$\frac{\partial}{\partial x}\left(T\frac{\partial H}{\partial x}\right)\Big|i,j \approx \frac{1}{\Delta x}\left[\left(T\frac{\partial H}{\partial x}\right)\Big|_{i,j+1/2} - \left(T\frac{\partial H}{\partial x}\right)\Big|_{i,j-1/2}\right]$$

$$= \frac{1}{\Delta x}\left[T_{i,j+1/2}\frac{H_{i,j+1} - H_{i,j}}{\Delta x} - T_{i,j-1/2}\frac{H_{i,j} - H_{i,j-1}}{\Delta x}\right]$$

$$= \frac{1}{(\Delta x)^2}\left[T_{i,j+1/2}(H_{i,j+1} - H_{i,j}) - T_{i,j-1/2}(H_{i,j} - H_{i,j-1})\right]$$

$$(1.39)$$

同理：

$$\frac{\partial}{\partial y}\left(T\frac{\partial H}{\partial y}\right)\Big|i,j \approx \frac{1}{\Delta y}\left[\left(T\frac{\partial H}{\partial y}\right)\Big|_{i+1/2,j} - \left(T\frac{\partial H}{\partial y}\right)\Big|_{i-1/2,j}\right]$$

$$= \frac{1}{\Delta y}\left[T_{i+1/2,j}\frac{H_{i+1,j} - H_{i,j}}{\Delta y} - T_{i-1/2,j}\frac{H_{i,j} - H_{i-1,j}}{\Delta y}\right]$$

$$= \frac{1}{(\Delta y)^2}\left[T_{i+1/2,j}(H_{i+1,j} - H_{i,j}) - T_{i-1/2,j}(H_{i,j} - H_{i-1,j})\right]$$

$$(1.40)$$

$$w(x,y,t)\Big|i,j = w_{i,j} \tag{1.41}$$

$$\mu^{*}\frac{\partial H}{\partial t}\Big|i,j = \mu_{i,j}^{*}\frac{H_{i,j}^{t+1} - H_{i,j}^{t}}{\Delta t} \tag{1.42}$$

将上述式（1.39）～式（1.42）代入微分方程式（1.40）各项，得

$$\frac{1}{(\Delta x)^2}\left[T_{i,j+1/2}(H_{i,j+1} - H_{i,j}) - T_{i,j-1/2}(H_{i,j} - H_{i,j-1})\right] + \frac{1}{(\Delta y)^2}$$

$$\left[T_{i+1/2,j}(H_{i+1,j} - H_{i,j}) - T_{i-1/2,j}(H_{i,j} - H_{i-1,j})\right] + w_{i,j} = \mu_{i,j}^{*}\frac{H_{i,j}^{t+1} - H_{i,j}^{t}}{\Delta t} \tag{1.43}$$

式（1.43）即为等间距剖分有限差分方程。其误差可表示为

$$\varepsilon = o((\Delta x)^2) + o((\Delta y)^2) + o(\Delta t) \tag{1.44}$$

以式（1.43）左端第一项为例，说明有限差分方程的物理意义（图1.17）：

$$\frac{1}{(\Delta x)^2}\left[T_{i,j+1/2}\left(H_{i,j+1}-H_{i,j}\right)-T_{i,j-1/2}\left(H_{i,j}-H_{i,j-1}\right)\right]$$

$$=\frac{K_{i,j+1/2}M_{i,j+1/2}\dfrac{H_{i,j+1}-H_{i,j}}{\Delta x}}{\Delta x}-\frac{K_{i,j-1/2}M_{i,j+1/2}\dfrac{H_{i,j}-H_{i,j-1}}{\Delta x}}{\Delta x}$$

$$=\frac{Q_{i,j+1/2}/\Delta y}{\Delta x}-\frac{Q_{i,j-1/2}/\Delta y}{\Delta x}$$

$$=\frac{Q_{i,j+1/2}-Q_{i,j-1/2}}{\Delta x\Delta y}\tag{1.45}$$

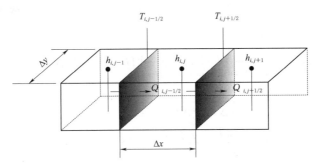

图 1.17　有限差分方程各参数意义说明

同理，则有

$$\frac{1}{(\Delta y)^2}\left[T_{i+1/2,j}\left(H_{i+1,j}-H_{i,j}\right)-T_{i-1/2,j}\left(H_{i,j}-H_{i-1,j}\right)\right]=\frac{Q_{i+1/2,j}-Q_{i-1/2,j}}{\Delta x\Delta y}\tag{1.46}$$

若将上两式代入式（1.43）：

$$\frac{Q_{i,j+1/2}-Q_{i,j-1/2}}{\Delta x\Delta y}+\frac{Q_{i+1/2,j}-Q_{i-1/2,j}}{\Delta x\Delta y}+w_{i,j}=\mu_{i,j}^{*}\frac{H_{i,j}^{t+1}-H_{i,j}^{t}}{\Delta t}\tag{1.47}$$

在方程两端同乘以（i，j）单元面积（$\Delta x\Delta y$），则有

$$(Q_{i,j+1/2}-Q_{i,j-1/2})+(Q_{i+1/2,j}-Q_{i-1/2,j})+w_{i,j}\Delta x\Delta y=\mu_{i,j}^{*}\Delta x\Delta y\frac{H_{i,j}^{t+1}-H_{i,j}^{t}}{\Delta t}$$

$$(Q_{i,j+1/2}-Q_{i,j-1/2})+(Q_{i+1/2,j}-Q_{i-1/2,j})+w_{i,j}\Delta x\Delta y=(\Delta Q_{储存}/\Delta t)$$

$$\Delta Q_{径流(x)}+\Delta Q_{径流(y)}+Q_{源汇}=(\Delta Q_{储存}/\Delta t)$$

由上式可见，地下水运动的偏微分方程（有限差分方程），准确反映了水量均衡原理。

2. 矩形不等距剖分法构造差分方程

$$\frac{\partial}{\partial x}\left(T\frac{\partial H}{\partial x}\right)\bigg|i,j=\frac{1}{\Delta x_j}\left[T_{i,j+1/2}\frac{H_{i,j+1}-H_{i,j}}{(\Delta x_j+\Delta x_{j+1})/2}-T_{i,j-1/2}\frac{H_{i,j}-H_{i,j-1}}{(\Delta x_j+\Delta x_{j-1})/2}\right]\tag{1.48}$$

$$\frac{\partial}{\partial y}\left(T\frac{\partial H}{\partial y}\right)\bigg|i,j=\frac{1}{\Delta y_i}\left[T_{i+1/2,j}\frac{H_{i+1,j}-H_{i,j}}{(\Delta y_i+\Delta y_{i+1})/2}-T_{i-1/2,j}\frac{H_{i,j}-H_{i-1,j}}{(\Delta y_i+\Delta y_{i-1})/2}\right]\tag{1.49}$$

代入微分方程式（1.38）：

$$\frac{2}{\Delta x_j(\Delta x_j+\Delta x_{j+1})}[T_{i,j+1/2}(H_{i,j+1}-H_{i,j})]+\frac{2}{\Delta x_j(\Delta x_j+\Delta x_{j-1})}[T_{i,j-1/2}(H_{i,j}-H_{i,j-1})]$$

$$+\frac{2}{\Delta y_i(\Delta y_i+\Delta y_{i+1})}[T_{i+1/2,j}(H_{i+1,j}-H_{i,j})]-\frac{2}{\Delta y_i(\Delta y_{i,j}+\Delta y_{i-1,j})}[T_{i-\frac{1}{2},j}(H_{i,j}-H_{i-1,j})]$$

$$+w_{i,j}=\mu_{i,j}^*\frac{H_{i,j}^{t+1}-H_{i,j}^t}{\Delta t} \tag{1.50}$$

当 $\Delta x_j=\Delta x_{j+1}=\Delta x_{j-1}$；$\Delta y_i=\Delta y_{i+1}=\Delta y_{i-1}$ 时，式（1.50）等同于式（1.44）。

3. 统一形式

为简化表达式，将式（1.43）和式（1.50）写成统一形式：两侧同乘 Δt、同除以 μ^*，则有

$$H_{i,j}^{t+1}-H_{i,j}^t=\frac{2T_{i,j+1/2}\Delta t}{\Delta x_j(\Delta x_j+\Delta x_{j+1})\mu_{ij}^*}(H_{i,j+1}-H_{i,j})$$

$$-\frac{2T_{i,j-1/2}\Delta t}{\Delta x_j(\Delta x_j+\Delta x_{j-1})\mu_{ij}^*}(H_{i,j}-H_{i,j-1})$$

$$+\frac{2T_{i+1/2,j}\Delta t}{\Delta y_i(\Delta y_i+\Delta y_{i+1})\mu_{ij}^*}(H_{i+1,j}-H_{i,j})$$

$$-\frac{2T_{i-1/2,j}\Delta t}{\Delta y_i(\Delta y_i+\Delta y_{i-1})\mu_{ij}^*}(H_{i,j}-H_{i-1,j})+\frac{w_{i,j}\Delta t}{\mu_{ij}^*} \tag{1.51}$$

令：$\quad\lambda_x'=\dfrac{2T_{i,j+1/2}\Delta t}{\Delta x_j(\Delta x_j+\Delta x_{j+1})\mu_{ij}^*}$；$\quad\lambda_x''=\dfrac{2T_{i,j-1/2}\Delta t}{\Delta x_j(\Delta x_j+\Delta x_{j-1})\mu_{ij}^*}$；

$$\lambda_y'=\frac{2T_{i+1/2,j}\Delta t}{\Delta y_i(\Delta y_i+\Delta y_{i+1})\mu_{ij}^*}；\quad\lambda_y''=\frac{2T_{i-1/2,j}\Delta t}{\Delta y_i(\Delta y_i+\Delta y_{i-1})\mu_{ij}^*}$$

则有

$$H_{i,j}^{t+1}-H_{i,j}^t=\lambda_x'(H_{i,j+1}-H_{i,j})-\lambda_x''(H_{i,j}-H_{i,j-1})+\lambda_y'(H_{i+1,j}-H_{i,j})$$

$$-\lambda_y''(H_{i,j}-H_{i-1,j})+w_{i,j}\frac{\Delta t}{\mu_{i,j}^*}$$

再令：$\alpha=\lambda_x'+\lambda_x''+\lambda_y'+\lambda_y''$，则有

$$H_{i,j}^{t+1}-H_{i,j}^t=\lambda_x'H_{i,j+1}+\lambda_x''H_{i,j-1}+\lambda_y'H_{i+1,j}+\lambda_y''H_{i-1,j}-\alpha H_{i,j}+w_{i,j}\frac{\Delta t}{\mu_{i,j}^*}$$

$$\tag{1.52}$$

式中：α、λ_x'、λ_x''、λ_y'、λ_y'' 均由空间步长和水文地质参数构成。

4. 参数选取

1）如果 T 值分布比较均匀，相邻单元 T 值相差不大，可选用相邻单元 T 值的算术平均值（Arithmetic mean）：

$$T_{i+1/2,j}=\frac{T_{i,j}+T_{i+1,j}}{2}\qquad T_{i-1/2,j}=\frac{T_{i,j}+T_{i-1,j}}{2}$$

2）如果 T 值分布不均匀，相邻单元 T 值相差较大，则应选用调和平均值（Harmonic mean）：

$$T_{i+1/2,j}=\frac{2T_{i,j}T_{i+1,j}}{T_{i,j}+T_{i+1,j}};\quad T_{i-1/2,j}=\frac{2T_{i,j}T_{i-1,j}}{T_{i,j}+T_{i-1,j}}$$

$$T_{i+1/2,j}=\frac{\Delta y_{i+1}+\Delta y_i}{(\Delta y_{i+1}/T_{i+1,j})+(\Delta y_i/T_{i,j})};\quad T_{i-1/2,j}=\frac{\Delta y_{i-1}+\Delta y_i}{(\Delta y_{i-1}/T_{i-1,j})+(\Delta y_i/T_{i,j})}$$

【习题】

如图 1.18 所示，假设单元①、③的导水系数均为 $100\text{m}^2/\text{d}$，单元②、④的导水系数均为 $1\text{m}^2/\text{d}$，试采用算术平均和调和平均方法计算单元①与单元②之间的导水系数，理解两种方法的区别。

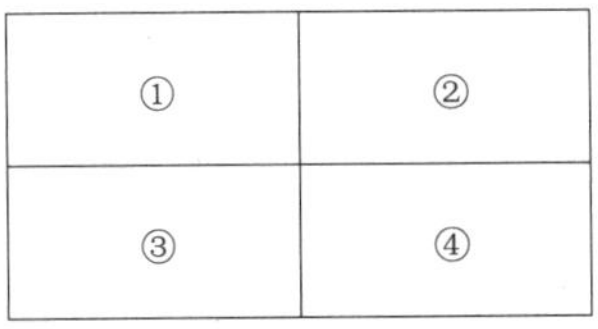

①	②
③	④

图 1.18　单元分布示意图

1.2.3.3.2　定解条件离散

1. 一类边界

水头已知，不需要列方程求解：

$$H(x,y,t)|_{\Gamma_1}=h_{i,j}^t \tag{1.53}$$

2. 二类边界

$$T\frac{\partial H}{\partial \boldsymbol{n}}\bigg|_{\Gamma_2}=T\frac{\partial H}{\partial x}=T_{i,j+1/2}\frac{H_{i,j+1}-H_{i,j}}{\Delta x}=q_{i,j}$$

$$H_{i,j+1}=H_{i,j}+\frac{\Delta x}{T_{i,j+1/2}}q_{i,j} \tag{1.54}$$

在流量边界上的 (i,j) 结点方程中将出现 $H_{i,j+1}$，用 $H_{i,j}+\frac{\Delta x}{T_{i,j+1/2}}q_{i,j}$ 来代替；对于隔水边界，则有 $H_{i,j+1}=H_{i,j}$（边界两侧水位相等，无补排关系，实现隔水边界零流量效果，见图 1.19）。

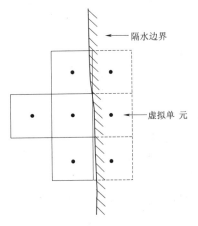

图 1.19　零流量边界水位处理

3. 初始条件离散

将空间上连续分布的地下水位离散为有限个水位点的集合：

$$H(x,y,t)|_{t=0}=H_{i,j} \tag{1.55}$$

图 1.20（a）是一张初始地下水流场图；图 1.20（b）是对该初始流场的离散图，图中计算区内每个单元都被赋予不同地下水位高程。将空间上连续变化的曲面离散为空间不连续的小平面集合体。

1.2.3.4　从水量均衡角度建立差分方程

从数学角度，用差商代替导数，可以推导出有限差分方程。从水量均衡原理出发，也可以建立有限差分方程。

水量均衡原理：

$$\sum Q_{补}-\sum Q_{排}=\Delta Q_{储} \tag{1.56}$$

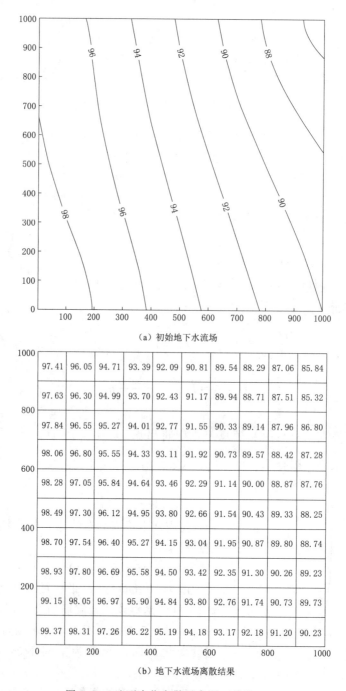

（a）初始地下水流场

（b）地下水流场离散结果

图 1.20　地下水位离散示意图（单位：m）

则有如图 1.21 所示的某一具体单元而言，可建立水量均衡方程如下：

$$(Q_y)_{i-\frac{1}{2},j} - (Q_y)_{i+\frac{1}{2},j} + (Q_x)_{i,j-\frac{1}{2}} - (Q_x)_{i,j+\frac{1}{2}} + w_{i,j}\Delta x_j \Delta y_i = \mu^*_{i,j}\Delta x_j \Delta y_i \frac{h^{t+1}_{i,j} - h^t_{i,j}}{\Delta t}$$

（1.57）

$$-T_{i-1/2,j}\Delta x_j\frac{h_{i,j}-h_{i-1,j}}{(\Delta y_i+\Delta y_{i-1})/2}+T_{i+1/2,j}\Delta x_j\frac{h_{i+1,j}-h_{i,j}}{(\Delta y_i+\Delta y_{i+1})/2}$$

$$-T_{i,j-1/2}\Delta y_i\frac{h_{i,j}-h_{i,j-1}}{(\Delta x_j+\Delta x_{j-1})/2}+T_{i,j+1/2}\Delta y_i\frac{h_{i,j+1}-h_{i,j}}{(\Delta x_j+\Delta x_{j+1})/2}+w_{i,j}\Delta x_i\Delta y_j$$

$$=\mu_{i,j}^*\Delta x_i\Delta y_j\frac{h_{i,j}^{t+1}-h_{i,j}^t}{\Delta t} \tag{1.58}$$

上式两侧同除单元面积 $\Delta x_i\Delta y_j$，则有

$$-T_{i-1/2,j}\frac{h_{i,j}-h_{i-1,j}}{\Delta y_i(\Delta y_i+\Delta y_{i-1})/2}+T_{i+1/2,j}\frac{h_{i+1,j}-h_{i,j}}{\Delta y_i(\Delta y_i+\Delta y_{i+1})/2}$$

$$-T_{i,j-1/2}\frac{h_{i,j}-h_{i,j-1}}{\Delta x_j(\Delta x_j+\Delta x_{j-1})/2}+T_{i,j+1/2}\frac{h_{i,j+1}-h_{i,j}}{\Delta x_j(\Delta x_j+\Delta x_{j+1})/2}+w_{i,j}$$

$$=\mu_{i,j}^*\frac{h_{i,j}^{t+1}-h_{i,j}^t}{\Delta t} \tag{1.59}$$

对比式（1.50）与式（1.59）可见，二者形式完全相同。

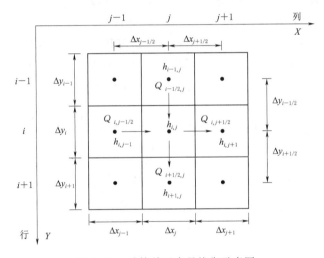

图 1.21　计算单元水量均衡示意图

1.2.4　有限差分方程的解法

回顾有限差分方程的通式（1.52）：

$$H_{i,j}^{t+1}-H_{i,j}^t=\lambda_x'H_{i,j+1}+\lambda_x''H_{i,j-1}+\lambda_y'H_{i+1,j}+\lambda_y''H_{i-1,j}-\alpha H_{i,j}+w_{i,j}\frac{\Delta t}{\mu_{i,j}^*}$$

对式（1.52）右端项中的地下水位（H）取不同的时刻，就得到不同的差分格式。

1.2.4.1　显式差分格式

1.2.4.1.1　概念

对式（1.52）右端各项中的水头值取时段初刻值，所得差分方程称为显式差分方程：

$$H_{i,j}^{t+1} - H_{i,j}^{t} = \lambda_x' H_{i,j+1}^{t} + \lambda_x'' H_{i,j-1}^{t} + \lambda_y' H_{i+1,j}^{t} + \lambda_y'' H_{i-1,j}^{t} - \alpha H_{i,j}^{t} + w_{i,j} \frac{\Delta t}{\mu_{ij}^*}$$

$$(1.60)$$

$$H_{i,j}^{t+1} = \lambda_x' H_{i,j+1}^{t} + \lambda_x'' H_{i,j-1}^{t} + \lambda_y' H_{i+1,j}^{t} + \lambda_y'' H_{i-1,j}^{t} + (1-\alpha) H_{i,j}^{t} + w_{i,j} \frac{\Delta t}{\mu_{ij}^*}$$

$$(1.61)$$

由于时段初刻水位值（H^t）已知，方程式（1.61）中只有一个未知水位（H^{t+1}），可以直接求解。

1.2.4.1.2　求解过程

（1）先取 $t=0$，即初始时刻，运用已知的初始流场离散点，结合边界条件，求出 $t+1$ 时刻所有未知节点水位 $H_{i,j}^{t+1}$；

（2）把 $t+1$ 时刻水位作为新的初始时刻值，按式（1.61）求出所有未知节点 $t+2$ 时刻的水位 $H_{i,j}^{t+2}$；

（3）重复上述两步，直到求出最后一个时刻的水位值为止。

1.2.4.1.3　解的收敛与稳定

二维显式差分格式求解简单，却是有条件稳定和收敛的。稳定，是指方程式在计算过程中，各种误差随时间增加而逐渐减小，至少不能扩大；收敛，是指当步长 Δx、Δy、$\Delta t \to 0$ 时，有限差分方程的解趋于同一点的解析解。收敛不一定稳定，稳定不一定收敛，既收敛又稳定的方程才是可用的。

对式（1.61）而言，当 $(1-\alpha) < 0$ 时，$H_{i,j}^{t+1}$ 将随 $H_{i,j}^{t}$ 的减小而增大，这是不合理的，因此必须限制 $\alpha \leqslant 1$，即

$$\alpha = \lambda_x' + \lambda_x'' + \lambda_y' + \lambda_y''$$

$$= \frac{2T_{i,j+1/2}\Delta t}{\Delta x_j(\Delta x_j + \Delta x_{j+1})\mu_{ij}^*} + \frac{2T_{i,j-1/2}\Delta t}{\Delta x_j(\Delta x_j + \Delta x_{j-1})\mu_{ij}^*} + \frac{2T_{i+1/2,j}\Delta t}{\Delta y_i(\Delta y_i + \Delta y_{i+1})\mu_{ij}^*}$$

$$+ \frac{2T_{i-1/2,j}\Delta t}{\Delta y_i(\Delta y_i + \Delta y_{i-1})\mu_{ij}^*} \leqslant 1 \qquad (1.62)$$

当均质各向同性时，且 $\Delta x_j = \Delta x_{j+1} = \Delta x_{j-1}$；$\Delta y_i = \Delta y_{i+1} = \Delta y_{i-1}$ 时，有

$$\alpha = \frac{2T\Delta t}{\mu^*}\left[\frac{1}{(\Delta x)^2} + \frac{1}{(\Delta y)^2}\right] \leqslant 1$$

$$\frac{T\Delta t}{\mu^*}\left[\frac{1}{(\Delta x)^2} + \frac{1}{(\Delta y)^2}\right] \leqslant \frac{1}{2} \qquad (1.63)$$

式（1.63）说明，显式差分解的稳定和收敛存在着时间步长和空间步长的相互制约：当 Δt 一定时，只有 Δx、Δy 增大，α 才会减小，这将增大截断误差；如果欲令 Δx、Δy 保持在一个比较小的步长，Δt 必须足够小，这将导致计算工作量明显增加，既费时又不方便。因此，受有条件收敛的限制，显式差分法在实际应用中较少使用。

1.2.4.2 隐式差分格式

1.2.4.2.1 概念

将式（1.61）右端各水位值取时段末刻 $t+1$ 时刻水位，所得差分方程即为隐式差分方程：

$$H_{i,j}^{t+1} - H_{i,j}^{t} = \lambda_x' H_{i,j+1}^{t+1} + \lambda_x'' H_{i,j-1}^{t+1} + \lambda_y' H_{i+1,j}^{t+1} + \lambda_y'' H_{i-1,j}^{t+1} - \alpha H_{i,j}^{t+1}$$

$$+ w_{i,j} \frac{\Delta t}{\mu_{ij}^*}(1+\alpha)H_{i,j}^{t+1} - \lambda_x' H_{i,j+1}^{t+1} - \lambda_x'' H_{i,j-1}^{t+1} - \lambda_y' H_{i+1,j}^{t+1}$$

$$- \lambda_y'' H_{i-1,j}^{t+1} = H_{i,j}^{t} + w_{i,j}\frac{\Delta t}{\mu_{ij}^*} \tag{1.64}$$

隐式差分格式所列出的单个节点方程中，包含了其他节点的未知水位，无法直接求解，必须把所有节点方程都列出来，才能求解。但相比显示差分，隐式差分格式求解精度高、无条件收敛和稳定。因此，空间步长与时间步长之间没有相互制约。但是，仍然应该注意到，由于存在 $\varepsilon = o((\Delta x)^2) + o((\Delta y)^2) + o(\Delta t)$ 的误差，时间步长的增长将导致系统误差的增大。

1.2.4.2.2 求解方法——迭代法

由式（1.65）可知，差分方程是一个线性代数方程组。加上边界条件后，方程组中未知量的个数和方程的个数相等。可以表示为矩阵形式：

$$[A]\{H\} = \{C\}$$

式中：$[A]$ 为系数矩阵；$\{H\}$ 为待求水位列向量；$\{C\}$ 为已知向量。

线性方程组的解法主要有两类：第一类是直接解法，包括高斯消去法、LU 分解法、全主元消元法、追赶法、Cholosky 分解法等；第二类是迭代求解法。一般当 $[A]$ 为低阶稠密矩阵时，用直接解法是有效的。但当未知量个数较多时，$[A]$ 是一个大型稀疏矩阵（阶数很高，但零元素较多），迭代求解法通常更为适合。深入和详细的线性方程组解法问题，请参阅线性代数相关文献。本书仅对几种常用的迭代方法简单介绍。

迭代法是一种试探法，首先用某种方法给定各节点（内节点和二类边界点）的水位值，称为初始试探值，如果这些数值满足差分方程，则是方程的解，否则重新再赋值试探。一般地讲，下一次试探的结果会比上一次更接近方程的解，称为改进值，重复试探下去，试探值也就逐渐逼近真实解，达到一定精度即可停止。

1. 雅可比（Jacobi）迭代法

雅可比迭代法，也称为简单迭代法，是较早出现的一种对线性代数方程组近似求解的方法，其命名是为纪念德国著名数学家卡尔·雅可比。

令 $F = H_{i,j}^{t} + w_{i,j}\dfrac{\Delta t}{\mu_{ij}^*}$，将式（1.64）改写成为

$$\lambda_x' H_{i,j+1}^{t+1} + \lambda_x'' H_{i,j-1}^{t+1} + \lambda_y' H_{i+1,j}^{t+1} + \lambda_y'' H_{i-1,j}^{t+1} - (\alpha+1)H_{i,j}^{t+1} + F = 0 \tag{1.65}$$

先给出一组初值 $H_{i,j}^{(0)}$，代入式（1.65），得到：

$$\lambda_x' H_{i,j+1}^{(0)} + \lambda_x'' H_{i,j-1}^{(0)} + \lambda_y' H_{i+1,j}^{(0)} + \lambda_y'' H_{i-1,j}^{(0)} - (\alpha+1)H_{i,j}^{(0)} + F = R^{(0)} \tag{1.66}$$

取水位修正值 $\Delta H_{i,j}^{(0)}$，令 $H_{i,j}^{(1)} = H_{i,j}^{(0)} + \Delta H_{i,j}^{(0)}$，把 $H_{i,j}^{(1)}$ 重新代入式（1.66），依

此类，直到相邻两次水位改进值相等。其通用迭代公式可表示为

$$H_{i,j}^{(m+1)} = H_{i,j}^{(m)} + \Delta H_{i,j}^{(m)} \tag{1.67}$$

迭代收敛准则：

相邻两次迭代绝对误差：$\max\{|H_{i,j}^{(m+1)} - H_{i,j}^{(m)}|\} < \varepsilon_1$ (1.68)

相邻两次改进值的相对误差：$\max\left\{\dfrac{H_{i,j}^{(m+1)} - H_{i,j}^{(m)}}{|H_{i,j}^{(m+1)}|}\right\} < \varepsilon_2$ (1.69)

简单迭代法的优点是简单易懂、便于运算，缺点是收敛速度较慢。

2. 高斯-塞德尔（Gauss - Seidel）迭代法

Gauss - Seidel 方法也称为 Liebmann 方法或连续位移方法，是用于求解线性方程组的迭代方法，以德国数学家高斯（Carl Friedrich Gauss）和塞德尔（Philip Ludwig von Seidel）命名。

在简单迭代法中，不管求哪一节点的第（$m+1$）次迭代值，均用相邻结点的第（m）次改进值。但实际上，在计算第 $H_i^{(m+1)}$ 时，$H_j^{(m+1)}(j=1,2,\cdots,i-1)$ 的值已经全部计算出来了，并有理由认为 $H_j^{(m+1)}$ 比 $H_j^{(m)}$ 更接近其精确解。因此，在高斯-塞德尔迭代法中，如果某一节点的第（$m+1$）次迭代值已经算出，以后在其他节点第（$m+1$）次近似值的计算当中，就利用该点第（$m+1$）次迭代值。

高斯-塞德尔迭代法的迭代公式可表示为

$$H_{i,j}^{(m+1)} = H_{i,j}^{(m)} + \Delta H_{i,j}^{(m+1)} \tag{1.70}$$

同雅可比迭代法一样，高斯-塞德尔迭代法也是基于矩阵分解原理，可以应用于对角线上具有非零元素的任何矩阵，当系数矩阵 [A] 严格对角占优或对称正定时，高斯-塞德尔迭代法保证收敛。

3. 逐次超松弛（successive overrelaxation，SOR）迭代法

逐次超松弛迭代法是高斯-塞德尔迭代法的一种加速法，是解大型稀疏矩阵方程组的有效方法之一，它具有公式简单、程序设计容易、占用计算机内存较少等优点。这种方法是将上一次的改进值 $H_{i,j}^{(m)}$ 与高斯-塞德尔迭代值进行线性组合，以构成一个收敛速度更快的迭代公式：

$$H_{i,j}^{(m+1)} = H_{i,j}^{(m)} + \omega \Delta H_{i,j}^{(m+1)} \tag{1.71}$$

式中：ω 为松弛因子，用来调整修正量的大小。

当 $0<\omega<2$ 时，迭代公式有效。通常当取 $1<\omega<2$ 时，迭代效果较好，称为超松弛迭代；当取 $0<\omega<1$ 时，称为低松弛迭代；当 $\omega=1$ 时，则为高斯-塞德尔迭代。

对 ω 值，目前基本上凭经验和试探选取。

4. 强隐式（strongly implicit procedure，SIP）迭代法

斯通（H. L. Stone）于 1968 年提出来的强隐式迭代法，是用于解矩形网格的大型有限方程组的有效方法。其原理是通过引入多余的两个未知水头（变量），将原有的五对角系数矩阵改造成七对角系数矩阵，从而实现原系数矩阵的 LU 分解，再通过逐步迭代来求解有限差分方程组。它的突出特点是收敛速度对节点数目和问题的性质不敏感，收敛速度较快。但在计算实践中，当节点数目小于 100 个时，SIP 法反而不如 SOR 法好用。

SIP 求解过程大致分以下几个步骤：

（1）系数矩阵分解为上三角矩阵和下三角矩阵（LU 分解）。

（2）根据已知项、系数矩阵以及前一次迭代求得的水头值计算近似解的系统残差。

（3）利用向前代换和向后代换的方法求出水头残差。

（4）由水头残差和前一次迭代的结果得到新计算的水头值。

5. 预处理共轭梯度（preconditioned conjugate gradient，PCG）法

预处理共轭梯度法也称预调共轭梯度法或预调共轭斜量法，它是一种对大型线性方程组迭代求解的方法。其实质是通过建立预优化矩阵，以减少模型的条件数，达到简化计算提高收敛速度的目的，其核心任务就是建立预优矩阵。根据建立预优矩阵方法的不同及在不同类型计算机上的适应情况，PCG 法包括两种不同算法：MICCG（modified incomplete cholesky conjugate gradient）法和 POLCG（LEAST - squares polynomial conjugate gradient）法。

PCG 法规定的收敛指标不仅仅指水头，还包括计算单元间的流量。只有当这两个指标同时得到满足时，计算才以收敛结束。

1.2.4.3　计算方法举例

【例题 1.3】　用雅可比迭代法、高斯-塞德尔迭代法和逐次超松弛迭代法求解下列方程组

$$
\begin{cases}
10x_1 - x_2 - 2x_3 = 7.2 \\
-x_1 + 10x_2 - 2x_3 = 8.3 \\
-x_1 - x_2 + 5x_3 = 4.2
\end{cases}
\tag{1.72}
$$

解：方程组可变为如下形式：

$$
\begin{cases}
x_1 = \dfrac{1}{10}(7.2 + x_2 + 2x_3) \\[2mm]
x_2 = \dfrac{1}{10}(8.3 + x_1 + 2x_3) \\[2mm]
x_3 = \dfrac{1}{5}(4.2 + x_1 + x_2)
\end{cases}
\tag{1.73}
$$

（1）雅可比迭代格式：

$$
\begin{cases}
x_1^{(k+1)} = x_1^{(k)} + \dfrac{1}{10}\left[7.2 + x_2^{(k)} + 2x_3^{(k)}\right] \\[2mm]
x_2^{(k+1)} = x_2^{(k)} + \dfrac{1}{10}\left[8.3 + x_1^{(k)} + 2x_3^{(k)}\right] \\[2mm]
x_3^{(k+1)} = x_3^{(k)} + \dfrac{1}{5}\left[4.2 + x_1^{(k)} + x_2^{(k)}\right]
\end{cases}
\tag{1.74}
$$

取初始值 $x^0 = (x_1^0, x_2^0, x_3^0)^{\mathrm{T}} = (0,0,0)^{\mathrm{T}}$，按格式（1.74）进行迭代，其计算结果见表 1.1。

表 1.1　　　　　　　　　　　雅可比迭代法求解结果

k	0	1	2	3	4	5	6	7	8	9	10
x_1^k	0	0.72	0.971	1.057	1.0853	1.0951	1.0983	1.0994	1.0997	1.0999	1.1000
x_2^k	0	0.83	1.070	1.1571	1.1853	1.1951	1.1983	1.1994	1.1997	1.1999	1.2000
x_3^k	0	0.84	1.150	1.2482	1.2828	1.2941	1.2980	1.2987	1.2998	1.2999	1.3000

（2）高斯-塞德尔迭代格式：

$$\begin{cases} x_1^{(k+1)}=x_1^{(k)}+\dfrac{1}{10}\big[7.2+x_2^{(k)}+2x_3^{(k)}\big] \\[2mm] x_2^{(k+1)}=x_2^{(k)}+\dfrac{1}{10}\big[8.3+x_1^{(k+1)}+2x_3^{(k)}\big] \\[2mm] x_3^{(k+1)}=x_3^{(k)}+\dfrac{1}{5}\big[4.2+x_1^{(k+1)}+x_2^{(k+1)}\big] \end{cases} \tag{1.75}$$

取初始值 $x^0=(x_1^0,x_2^0,x_3^0)^{\mathrm{T}}=(0,0,0)^{\mathrm{T}}$，按格式（1.75）进行迭代，其计算结果见表 1.2。

表 1.2　　　　　　　　　高斯-塞德尔迭代法计算结果

k	0	1	2	3	4	5	6	7
x_1^k	0	0.72	1.04308	1.09313	1.09913	1.09989	1.09999	1.1000
x_2^k	0	0.902	1.16719	1.19572	1.19947	1.19993	1.19999	1.2000
x_3^k	0	1.1644	1.28205	1.29777	1.29972	1.29996	1.30000	1.3000

从此例可以看出，高斯-塞德尔迭代法比雅可比迭代法收敛速度快（达到同样精度所需迭代次数少）。但这个规律不是绝对的，有时候雅可比迭代法收敛，而高斯-塞德尔迭代法却是发散的。

（3）逐次超松弛（SOR）迭代格式：

$$\begin{cases} x_1^{(k+1)}=x_1^{(k)}+\omega\cdot\dfrac{1}{10}\big[7.2-10x_1^{(k)}+x_2^{(k)}+2x_3^{(k)}\big] \\[2mm] x_2^{(k+1)}=x_2^{(k)}+\omega\cdot\dfrac{1}{10}\big[8.3+x_1^{(k+1)}-10x_2^{(k)}+2x_3^{(k)}\big] \\[2mm] x_3^{(k+1)}=x_3^{(k)}+\omega\cdot\dfrac{1}{5}\big[4.2+x_1^{(k+1)}-5x_2^{(k)}\big] \end{cases} \tag{1.76}$$

当 $\omega=1$ 时，式（1.76）即为高斯-塞德尔迭代法；当 $\omega=1$，且方程右端未知项均取第 k 次迭代结果时，即为简单迭代法。

取 $\omega=1.055$，计算结果见表 1.3。

表 1.3　　　　　　　　　　SOR 迭代法的计算结果

k	0	1	2	3	4	5
x_1^k	0	0.7596	1.08202	1.10088	1.09998	1.1
x_2^k	0	0.955788	1.20059	1.9989	1.20005	1.2
x_3^k	0	1.24815	1.29918	1.30021	1.3	1.3

对 ω 取其他值，计算结果满足误差 $\| x^k - x^* \| \leqslant 10^{-5}$ 的迭代次数见表 1.4。

表 1.4 不同 ω 取值条件下的迭代次数

ω	0.1	0.2	0.3	0.4	0.5	0.6	0.7	0.8	0.9	1	1.1	1.2	1.3
k	163	77	49	34	26	20	15	12	9	6	6	8	10

从表 1.4 可知，如果松弛因子选择适当，可使松弛迭代法的收敛大大加速；但如果选择不当，则并不能起到加速收敛的效果。

1.2.4.4 地下水稳定流有限差分方程算例

如图 1.22 所示，一承压含水层西侧为已知水位的河流边界，其余三面为隔水边界。已知 $T_1 = T_2 = T_3 = 4320 \mathrm{m^2/d}$，$T_4 = T_5 = T_6 = 864 \mathrm{m^2/d}$，$Q_2 = -86.4 \mathrm{m^3/d}$，$Q_6 = -432 \mathrm{m^3/d}$。地下水补强度 $Er = 8.64 \times 10^{-4} \mathrm{m^3/(d \cdot m^2)}$，边界水位 $h_1 = h_4 = 10 \mathrm{m}$。建立各单元稳定流条件下的水量均衡方程，并计算节点 2、3、5、6 处的地下水位。

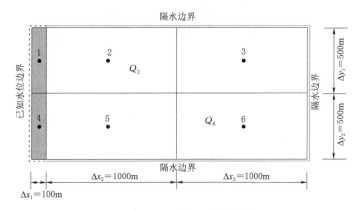

图 1.22 研究区剖分图

（1）解法 1：基于地下水量均衡原理建立有限差分方程。

1）建立稳定流条件下，单元 2、3、5、6 的水量均衡方程。

单元 2：
$$Q_{12} + Q_{52} + Q_{32} + Q_{r2} + Q_2 = 0$$

式中：Q_{12} 为单元 1 与单元 2 之间侧向径流量；Q_{r2} 为单元 2 的地下水补给量；Q_2 为单元 2 的人工开采量；以下各单元水量均衡项表示方法类同。

单元 3：
$$Q_{23} + Q_{63} + Q_{r3} = 0$$

单元 5：
$$Q_{45} + Q_{25} + Q_{65} + Q_{r5} = 0$$

单元 6：
$$Q_{56} + Q_{36} + Q_{r6} + Q_6 = 0$$

2）计算各均衡项，代入各单元水量均衡方程。

单元 2：
$$Q_{12} = T_{12} \frac{h_1 - h_2}{(\Delta x_1 + \Delta x_2)/2} \Delta y_1 \quad \text{其中} \quad T_{12} = \frac{2 T_1 T_2}{T_1 + T_2} = 4320 \mathrm{m^2/d}$$

$$Q_{12} = 4320 \times \frac{10 - h_2}{(100 + 1000)/2} \times 500 = 39272.73 - 3927.27 h_2$$

$$Q_{52}=T_{52}\frac{h_5-h_2}{(\Delta y_1+\Delta y_2)/2}\Delta x_2 \quad 其中\ T_{52}=\frac{2T_5T_2}{T_5+T_2}=1440\text{m}^2/\text{d}$$

$$Q_{52}=1440\times\frac{h_5-h_2}{(500+500)/2}\times1000=2880h_5-2880h_2$$

$$Q_{32}=T_{32}\frac{h_3-h_2}{\dfrac{\Delta x_2+\Delta x_3}{2}}\Delta y_1$$

$$=4320\times\frac{h_3-h_2}{(1000+1000)/2}\times500=2160h_3-2160h_2$$

$$Q_{r2}=Q_{r3}=Q_{r5}=Q_{r6}=Er\Delta x\Delta y=8.64\times10^{-4}\times(500\times1000)=432\text{m}^3/\text{d}$$

$$Q_2=-86.4\text{m}^3/\text{d}$$

则单元 2 的水量均衡方程为

$$(39272.73-3927.27h_2)+(2880h_5-2880h_2)+(2160h_3-2160h_2)+432-86.4=0$$

$$39618.33-8967.27h_2+2880h_5+2160h_3=0$$

同时，分别列出单元 3、5、6 的水量均衡计算方程：

单元 3：
$$Q_{23}+Q_{63}+Q_{r3}=0$$

$$T_{23}\times\frac{h_2-h_3}{1000}\times500+T_{63}\times\frac{h_6-h_3}{500}\times1000+432=0$$

$$4320\times\frac{h_2-h_3}{1000}\times500+1440\times\frac{h_6-h_3}{500}\times1000+432=0$$

$$2160(h_2-h_3)+2880(h_6-h_3)+432=0$$

$$2160h_2-5040h_3+2880h_6+432=0$$

单元 5：
$$Q_{45}+Q_{25}+Q_{65}+Q_{r5}=0$$

$$T_{45}\times\frac{h_4-h_5}{(100+1000)/2}\times500+T_{25}\times\frac{h_2-h_5}{500}\times1000+T_{65}\times\frac{h_6-h_5}{1000}\times500+432=0$$

$$864\times\frac{10-h_5}{(100+1000)/2}\times500+1440\times\frac{h_2-h_5}{500}\times1000+864\times\frac{h_6-h_5}{1000}\times500+432=0$$

$$785.455(10-h_5)+2880(h_2-h_5)+432(h_6-h_5)+432=0$$

$$8286.55-4097.455h_5+2880h_2+432h_6=0$$

单元 6：
$$Q_{56}+Q_{36}+Q_{r6}+Q_6=0$$

$$T_{56}\times\frac{h_5-h_6}{1000}\times500+T_{36}\times\frac{h_3-h_6}{500}\times1000+432-432=0$$

$$864\times\frac{h_5-h_6}{1000}\times500+1140\times\frac{h_3-h_6}{500}\times1000+432-432=0$$

$$432(h_5-h_6)+2280(h_3-h_6)=0$$

$$432h_5-2712h_6+2280h_3=0$$

联立上述方程：

$$\begin{cases} 39618.33 - 8967.27h_2 + 2880h_5 + 2160h_3 = 0 \\ 2160h_2 - 5040h_3 + 2880h_6 + 432 = 0 \\ 8286.55 - 4097.455h_5 + 2880h_2 + 432h_6 = 0 \\ 432h_5 - 2712h_6 + 2280h_3 = 0 \end{cases}$$

3）构建迭代格式，并进行计算。

$$\begin{cases} h_2 = 0.240876h_3 + 0.321168h_5 + 4.418104 \\ h_3 = 0.428571h_2 + 0.571429h_6 + 0.085714 \\ h_5 = 0.702875h_2 + 0.105431h_6 + 2.022365 \\ h_6 = 0.840708h_3 + 0.159292h_5 \end{cases}$$

虽然从原理上说，初始条件对稳定流模型是没有影响的，但从迭代计算的角度上看，必须要赋予各单元初值，而且初值越合理，则计算工作量越小。本次计算统一赋各单元初值为 10m。设定误差标准为 0.001m，分别利用雅可比迭代法（表 1.5）和高斯-塞德尔迭代法（表 1.6）求解。

表 1.5 　　　　　　　　　　　　　雅可比迭代法计算结果

迭代次数	0	1	2	3	…	30	31	32
H_2	10.000	10.039	10.093	10.106		10.241	10.241	10.241
H_3	10.000	10.086	10.102	10.176		10.418	10.418	10.418
H_5	10.000	10.105	10.133	10.180		10.317	10.317	10.317
H_6	10.000	10.000	10.089	10.107		10.401	10.402	10.402

表 1.6 　　　　　　　　　　　　高斯-塞德尔迭代法计算结果

迭代次数	0	1	2	3	…	18	19	20
H_2	10.000	10.039	10.106	10.146		10.241	10.242	10.242
H_3	10.000	10.102	10.192	10.258		10.419	10.420	10.420
H_5	10.000	10.133	10.191	10.228		10.318	10.318	10.318
H_6	10.000	10.107	10.192	10.253		10.403	10.403	10.403

（2）解法 2：采用差商代替导数方法建立有限差分方程。

1）根据题意，写出非均质各向同性承压二维稳定流地下水运动数学模型：

$$\begin{cases} \dfrac{\partial}{\partial x}\left(T\dfrac{\partial H}{\partial x}\right) + \dfrac{\partial}{\partial y}\left(T\dfrac{\partial H}{\partial y}\right) + Er + P = 0 \\ H(x,y,t)\big|_{\Gamma_1} = 10 \\ \dfrac{\partial H}{\partial \boldsymbol{n}}\bigg|_{\Gamma_2} = 0 \end{cases}$$

式中：Er 为地下水补给强度，m/d；P 为地下水开采强度，m/d；其余符号意义同前。

2）为便于应用方程，对各单元重新编号，并增加隔水边界处的虚拟单元编号（图 1.23）。

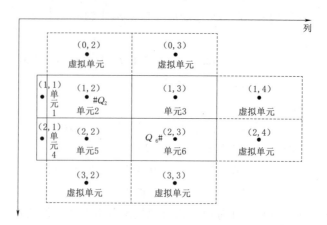

图 1.23　有限差分网格编号

3）利用差商代替导数，参照式（1.50）、按不等距剖分方法写出上述数学模型中偏微分方程的有限差分表达式：

$$\frac{2}{\Delta x_j(\Delta x_j+\Delta x_{j+1})}\left[T_{i,j+\frac{1}{2}}(H_{i,j+1}-H_{i,j})\right]-\frac{2}{\Delta x_j(\Delta x_j+\Delta x_{j-1})}\left[T_{i,j-\frac{1}{2}}(H_{i,j}-H_{i,j-1})\right]$$

$$+\frac{2}{\Delta y_i(\Delta y_i+\Delta y_{i+1})}\left[T_{i+\frac{1}{2},j}(H_{i+1,j}-H_{i,j})\right]-\frac{2}{\Delta y_i(\Delta y_i+\Delta y_{i-1})}\left[T_{i-\frac{1}{2},j}(H_{i,j}-H_{i-1,j})\right]$$

$$+Er_{i,j}+P_{i,j}=0$$

4）按上述有限差分表达式，分别写出单元 2、3、5、6 有限差分方程：

单元 2（$i=1$，$j=2$）：

$$\frac{2}{\Delta x_2(\Delta x_2+\Delta x_3)}\left[T_{1,2+\frac{1}{2}}(H_{1,3}-H_{1,2})\right]-\frac{2}{\Delta x_2(\Delta x_2+\Delta x_1)}\left[T_{1,2-\frac{1}{2}}(H_{1,2}-H_{1,1})\right]$$

$$+\frac{2}{\Delta y_1(\Delta y_1+\Delta y_2)}\left[T_{1+\frac{1}{2},2}(H_{2,2}-H_{1,2})\right]-\frac{2}{\Delta y_1(\Delta y_1+\Delta y_0)}\left[T_{1-\frac{1}{2},2}(H_{1,2}-H_{0,2})\right]$$

$$+Er_{1,2}+\left[Q_2/(\Delta x_2\Delta y_1)\right]=0$$

单元 3（$i=1$，$j=3$）：

$$\frac{2}{\Delta x_3(\Delta x_3+\Delta x_4)}\left[T_{1,3+\frac{1}{2}}(H_{1,4}-H_{1,3})\right]-\frac{2}{\Delta x_3(\Delta x_3+\Delta x_2)}\left[T_{1,3-\frac{1}{2}}(H_{1,3}-H_{1,2})\right]$$

$$+\frac{2}{\Delta y_1(\Delta y_1+\Delta y_2)}\left[T_{1+\frac{1}{2},3}(H_{2,3}-H_{1,3})\right]-\frac{2}{\Delta y_1(\Delta y_1+\Delta y_0)}\left[T_{1-\frac{1}{2},3}(H_{1,3}-H_{0,3})\right]$$

$$+Er_{1,3}=0$$

单元 5（$i=2$，$j=2$）：

$$\frac{2}{\Delta x_2(\Delta x_2+\Delta x_3)}\left[T_{2,2+\frac{1}{2}}(H_{2,3}-H_{2,2})\right]-\frac{2}{\Delta x_2(\Delta x_2+\Delta x_1)}\left[T_{2,2-\frac{1}{2}}(H_{2,2}-H_{2,1})\right]$$

$$+\frac{2}{\Delta y_2(\Delta y_2+\Delta y_3)}\left[T_{2+\frac{1}{2},2}(H_{3,2}-H_{2,2})\right]-\frac{2}{\Delta y_2(\Delta y_2+\Delta y_1)}\left[T_{2-\frac{1}{2},2}(H_{2,2}-H_{1,2})\right]$$

$$+Er_{2,2}=0$$

单元 6（$i=2$，$j=3$）：

$$\frac{2}{\Delta x_3(\Delta x_3+\Delta x_4)}[T_{2,3+\frac12}(H_{2,4}-H_{2,3})]-\frac{2}{\Delta x_3(\Delta x_3+\Delta x_2)}[T_{2,3-\frac12}(H_{2,3}-H_{2,2})]$$

$$+\frac{2}{\Delta y_2(\Delta y_2+\Delta y_3)}[T_{2+\frac12,3}(H_{3,3}-H_{2,3})]-\frac{2}{\Delta y_2(\Delta y_2+\Delta y_1)}[T_{2-\frac12,3}(H_{2,3}-H_{1,3})]$$

$$+Er_{2,3}+[Q_6/(\Delta x_3\Delta y_2)]=0$$

5）计算相关参数和变量值，确定各单元空间步长：

$$\Delta x_1=100m;\Delta x_2=\Delta x_3=1000m;\Delta y_1=\Delta y_2=500m$$

虚拟单元的空间步长与边界单元相同，即 $\Delta y_0=\Delta y_3=500m$

计算各单元间的导水系数值：

$$T_{1,1+\frac12}=T_{1,2+\frac12}=T_{1,3+\frac12}=T_{1,2-\frac12}=T_{1,3-\frac12}=T_{1-\frac12,1}=T_{1-\frac12,2}=T_{1-\frac12,3}$$
$$=4320m^2/d$$

$$T_{2,1+\frac12}=T_{2,2+\frac12}=T_{2,3+\frac12}=T_{2,2-\frac12}=T_{2,3-\frac12}=T_{2+\frac12,1}=T_{2+\frac12,2}=T_{2+\frac12,3}$$
$$=864m^2/d$$

$$T_{1+\frac12,1}=T_{1+\frac12,2}=T_{1+\frac12,3}=T_{1+\frac12,4}=\frac{2\times4320\times864}{4320+864}=1440(m^2/d)$$

计算各单元上的地下水补给强度：

$$Er_{1,2}=Er_{1,3}=Er_{2,2}=Er_{2,3}=8.64\times10^{-4}m/d$$

将开采井抽水量转化为单元上的开采强度：

$$Q_2/(\Delta x_2\Delta y_1)=-86.4/(1000\times500)=-1.728\times10^{-4}(m/d)$$

$$Q_6/(\Delta x_x\Delta y_2)=-432/(1000\times500)=-8.64\times10^{-4}(m/d)$$

应用边界条件，利用式（1.54）得到虚拟单元水位值：

$$H_{0,2}=H_{1,2};\ H_{0,3}=H_{1,3};\ H_{3,2}=H_{2,2};\ H_{3,3}=H_{2,3}$$

根据一类边界条件：

$$H_{1,1}=H_{2,1}=10m$$

6）将参数和变量值代入各计算单元的有限差分表达式：

单元2：

$$\frac{2}{1000\times(1000+1000)}[4320(H_{1,3}-H_{1,2})]-\frac{2}{1000\times(1000+100)}[4320(H_{1,2}-10)]$$

$$+\frac{2}{500\times(500+500)}[1440(H_{2,2}-H_{1,2})]+8.64\times10^{-4}-1.728\times10^{-4}=0$$

计算并化简得

$$0.00432H_{1,3}-0.01793H_{1,2}+0.00576H_{2,2}+0.07924=0$$

同理，得单元3、5、6有限差分方程：

$$-0.01008H_{1,3}+0.00432H_{1,2}+0.00576H_{2,3}+0.000864=0$$
$$0.000864H_{2,3}-0.00819H_{2,2}+0.00576H_{1,2}+0.01656=0$$
$$-0.005424H_{2,3}+0.000864H_{2,2}+0.00456H_{1,3}=0$$

7）写出上述有限差分方程组的水位迭代格式：

$$\begin{cases} H_{1,2}=0.24093H_{1,3}+0.32125H_{2,2}+4.4194 \\ H_{1,3}=0.42587H_{1,2}+0.57143H_{2,3}+0.08571 \\ H_{2,2}=0.70330H_{1,2}+0.10549H_{2,3}+2.02198 \\ H_{2,3}=0.840708H_{1,3}+0.159292H_{2,2} \end{cases}$$

由此得到与基于水量均衡原理直接建立的有限差分方程基本一致的有迭代方程（但由于计算过程不同，存在由舍入误差造成系数上的微小差异），具体计算不再重复。

1.2.4.5　地下水非稳定流有限差分方程算例

保持所有条件与 1.2.4.4 算例相同，假设 $\mu^*=0.0001$，初始水位为 10m，时间步长 Δt 为 1d，预测第 2 天末各单元地下水位值。

解：

（1）数学模型。

根据题意，写出非均质、各向同性承压二维非稳定流地下水运动数学模型：

$$\begin{cases} \dfrac{\partial}{\partial x}\left(T\dfrac{\partial H}{\partial x}\right)+\dfrac{\partial}{\partial y}\left(T\dfrac{\partial H}{\partial y}\right)+Er+P=\mu^*\dfrac{\partial H}{\partial t} \\[2mm] H(x,y,t)\big|_{\Gamma_1}=10 \\[2mm] \dfrac{\partial H}{\partial \boldsymbol{n}}\Big|_{\Gamma_2}=0 \\[2mm] H(x,y,t)\big|_{t=0}=10 \end{cases}$$

（2）采用 1.2.4.4 算例解法 2 的方式，建立各单元的有限差分方程

与稳定流模型唯一的区别，在于对地下水流运动偏微分方程右端项的处理：

$$\mu^*\dfrac{\partial H}{\partial t}\bigg|_{i,j}=\mu_{i,j}^*\dfrac{H_{i,j}^{t+1}-H_{i,j}^t}{\Delta t}$$

可在上例稳定流有限差分方程组上进一步处理，将每一项右端项替换为该单元单位面积上的储存量变化量，即将 $\mu_{i,j}^*=0.0001$，$\Delta t=1$d，代入上式并化简：

$$\begin{cases} 0.00432H_{1,3}-0.01793H_{1,2}+0.00576H_{2,2}+0.07924=0.0001(H_{1,2}^{t+1}-H_{1,2}^t) \\ -0.01008H_{1,3}+0.00432H_{1,2}+0.00576H_{2,3}+0.000864=0.0001(H_{1,3}^{t+1}-H_{1,3}^t) \\ 0.000864H_{2,3}-0.00819H_{2,2}+0.00576H_{1,2}+0.01656=0.0001(H_{2,2}^{t+1}-H_{2,2}^t) \\ -0.005424H_{2,3}+0.000864H_{2,2}+0.00456H_{1,3}=0.0001(H_{2,3}^{t+1}-H_{2,3}^t) \end{cases}$$

（3）采用隐式差分格式求解。

$$\begin{cases} 0.00432H_{1,3}^{t+1}-0.01793H_{1,2}^{t+1}+0.00576H_{2,2}^{t+1}+0.07924=0.0001(H_{1,2}^{t+1}-H_{1,2}^t) \\ -0.01008H_{1,3}^{t+1}+0.00432H_{1,2}^{t+1}+0.00576H_{2,3}^{t+1}+0.000864=0.0001(H_{1,3}^{t+1}-H_{1,3}^t) \\ 0.000864H_{2,3}^{t+1}-0.00819H_{2,2}^{t+1}+0.00576H_{1,2}^{t+1}+0.01656=0.0001(H_{2,2}^{t+1}-H_{2,2}^t) \\ -0.005424H_{2,3}^{t+1}+0.000864H_{2,2}^{t+1}+0.00456H_{1,3}^{t+1}=0.0001(H_{2,3}^{t+1}-H_{2,3}^t) \end{cases}$$

利用高斯-塞德尔迭代法，写出各未知水位的迭代格式：

$$\begin{cases} H_{1,2}^{t+1,p+1}=(43.2H_{1,3}^{t+1,p}+57.6H_{2,2}^{t+1,p}+792.4+H_{1,2}^{t})/180.3 \\ H_{1,3}^{t+1,p+1}=(43.2H_{1,2}^{t+1,p+1}+57.6H_{2,3}^{t+1,p}+8.64+H_{1,3}^{t})/101.8 \\ H_{2,2}^{t+1,p+1}=(8.64H_{2,3}^{t+1,p+1}+57.6H_{1,2}^{t+1,p+1}+165.6+H_{2,2}^{t})/82.9 \\ H_{2,3}^{t+1,p+1}=(8.64H_{2,2}^{t+1,p+1}+45.6H_{1,3}^{t+1,p+1}+H_{2,3}^{t})/55.2 \end{cases}$$

其中 p 为迭代次数，当 $p=0$ 时，$H_{i,j}^{t+1,1}=H_{i,j}^{t}$

①代入初始条件 $H_{i,j}^{0}$ 作为各点第一个时段末刻（$t+1$）水头值的第一次试探值（$p=1$），得到第一个点在 $t+1$ 时刻第一次迭代计算值 $H_{1,2}^{t+1,1}$；

②将 $H_{1,2}^{t+1,1}$ 代入第二个点 $H_{1,3}^{t+1,p+1}$ 迭代格式中，而 $H_{2,3}^{t+1,p}$ 仍然保持上一个时间水平的值，得到第二个点第一次迭代水头值 $H_{1,3}^{t+1,1}$；

③同样将 $H_{1,2}^{t+1,1}$ 代入 $H_{2,2}^{t+1,p+1}$ 迭代格式中，此时 $H_{2,3}^{t+1,p}$ 仍然保持上一个时间水平的值，得到第三个点 $H_{2,2}^{t+1,1}$ 第一次迭代值；

④将上面得到的 $H_{2,2}^{t+1,1}$、$H_{1,3}^{t+1,1}$ 同时代入 $H_{2,3}^{t+1,p+1}$ 迭代格式中，得到第四个点第一次迭代水头值 $H_{2,3}^{t+1,1}$；

⑤计算最大误差 $\max(|H_{i,j}^{t+1,1}-H_{i,j}^{t+1,0}|)$，如果 $\max(|H_{i,j}^{t+1,1}-H_{i,j}^{t+1,0}|)>\varepsilon$，将 $H_{i,j}^{t+1,1}$ 代入迭代公式，计算 $H_{i,j}^{t+1,2}$，直至 $\max(|H_{i,j}^{t+1,p+1}-H_{i,j}^{t+1,p}|)<\varepsilon$（$\varepsilon$ 为给定的收敛标准），得到 $H_{i,j}^{t+1}$ 的迭代结果；

⑥进入下一个时间水平求解，使 p 清零，将 $H_{i,j}^{t+1}$ 作为初值 $H_{i,j}^{t}$，并作为第一次迭代的初始值 $H_{i,j}^{t+2,0}=H_{i,j}^{t+1}$ 代入迭代公式，重复①～⑤迭代方式得到 $H_{i,j}^{t+2}$；

⑦重复①～⑥，直至达到预定的计算时间。

按上述流程：

a. 求第 1 天各点地下水位 $H_{i,j}^{1}$。

令 $t=0$、且 $H_{i,j}^{t}=10$，即令上式中 $H_{1,2}^{0}=H_{1,3}^{0}=H_{2,2}^{0}=H_{2,3}^{0}=10\mathrm{m}$ 时，地下水位迭代公式具体形式如下：

$$\begin{cases} H_{1,2}^{1,p+1}=(43.2H_{1,3}^{1,p}+57.6H_{2,2}^{1,p}+792.4+10)/180.3 \\ H_{1,3}^{1,p+1}=(43.2H_{1,2}^{1,p+1}+57.6H_{2,3}^{1,p}+8.64+10)/101.8 \\ H_{2,2}^{1,p+1}=(8.64H_{2,3}^{1,p}+57.6H_{1,2}^{1,p+1}+165.6+10)/82.9 \\ H_{2,3}^{1,p+1}=(8.64H_{2,2}^{1,p+1}+45.6H_{1,3}^{1,p+1}+10)/55.2 \end{cases}$$

计算结果见表 1.7，当以绝对误差 0.01m 为误差收敛标准时，第 9 次迭代结果可作为第一时段末刻的水位计算值。

表 1.7　　　　　　　　　　　　　迭 代 计 算 表

时刻	0	1（1）	1（2）	…	1（8）	1（9）
$H_{1,2}^{1}$	10.000	10.041	10.109	…	10.227	10.231
$H_{1,3}^{1}$	10.000	10.102	10.195	…	10.388	10.395
$H_{2,2}^{1}$	10.000	10.137	10.196	…	10.308	10.308
$H_{2,3}^{1}$	10.000	10.113	10.199	…	10.375	10.382

b. 求第 2 天各点地下水位 $H_{i,j}^2$。

将 $H_{i,j}^1$（$H_{1,2}^1=10.231$；$H_{1,3}^1=10.395$；$H_{2,2}^1=10.308$；$H_{2,3}^1=10.382$）替换迭代公式中的 $H_{i,j}^{t,p}$，p 重新从 0 开始，直到满足收敛标准，得到第 2 天各点地下水位迭代公式：

$$
\begin{cases}
H_{1,2}^{2,p+1}=(43.2H_{1,3}^{2,p}+57.6H_{2,2}^{2,p}+792.4+10.231)/180.3 \\
H_{1,3}^{2,p+1}=(43.2H_{1,2}^{2,p+1}+57.6H_{2,3}^{2,p}+8.64+10.395)/101.8 \\
H_{2,2}^{2,p+1}=(8.64H_{2,3}^{2,p}+57.6H_{1,2}^{2,p+1}+165.6+10.308)/82.9 \\
H_{2,3}^{2,p+1}=(8.64H_{2,2}^{2,p+1}+45.6H_{1,3}^{2,p+1}+10.382)/55.2
\end{cases}
$$

同前述计算方法，按 0.01m 作为绝对误差标准时，经过 3 次迭代即得到满足方程的地下水位近似解为：$H_{1,2}^2=10.244$；$H_{1,3}^2=10.423$；$H_{2,2}^2=10.325$；$H_{2,3}^2=10.415$。

【作业 1.1】

条件与上例相同，将地下水开采量扩大 5 倍，写出有限差分方程并采用迭代法求解第 2 天各点地下水位值，并与前述条件对比，分析地下水开采对不同点地下水位变化的影响。

1.2.5　潜水二维非稳定流差分方程及其解法

前面介绍的各种差分方程，都是针对承压含水层地下水流动问题而言的。由于承压含水层的厚度（或导水系数）与水头无关，因此，描述承压含水层地下水流动的微分方程是线性的。但是，对于无压含水层，由于其厚度随着水头的变化而变化，因此，描述无压含水层地下水流动的方程是非线性的 [式 (1.77)]。

$$
\begin{cases}
\dfrac{\partial}{\partial x}\left[K(H-z)\dfrac{\partial H}{\partial x}\right]+\dfrac{\partial}{\partial y}\left[K(H-z)\dfrac{\partial H}{\partial y}\right]+w=\mu\dfrac{\partial H}{\partial t} & (x,y)\in D,\ t\geqslant 0 \\[2mm]
H(x,y,t)|_{\Gamma_1}=H_1(x,y,t) & (x,y)\in\Gamma_1,\ t\geqslant 0 \\[2mm]
K(H-z)\dfrac{\partial H}{\partial \boldsymbol{n}}\bigg|_{\Gamma_2}=q(x,y,t) & (x,y)\in\Gamma_2,\ t\geqslant 0 \\[2mm]
H(x,y,t)|_{t=0}=H_0(x,y) & (x,y)\in D
\end{cases}
$$

$$\tag{1.77}$$

1.2.5.1　有限差分方程

参照承压二维非稳定流有限差分方程的推导过程以及通式 (1.51)，写出潜水二维非稳定流有限差分方程一般表达式 (1.78)：

$$
\begin{aligned}
H_{i,j}^{t+1}-H_{i,j}^t=&E_x'(H_{i,j+1}-H_{i,j})-E_x''(H_{i,j}-H_{i,j-1})+E_y'(H_{i+1,j}-H_{i,j})\\
&-E_y''(H_{i,j}-H_{i-1,j})+w_{i,j}\dfrac{\Delta t}{\mu_{i,j}}
\end{aligned}
$$

$$\tag{1.78}$$

其中，系数 E 由水文地质参数和离散时空步长确定，导水系数由相邻单元的调和平均值表示：

$$
E_x'=\frac{2T_{i,j+1}T_{i,j}t}{T_{i,j+1}+T_{i,j}}\frac{\Delta t}{\Delta x_j(\Delta x_j+\Delta x_{j+1})\mu}=\frac{2K_{i,j+1}(H_{i,j+1}-z_{i,j+1})K_{i,j}(H_{i,j}-z_{i,j})}{K_{i,j+1}(H_{i,j+1}-z_{i,j+1})+K_{i,j}(H_{i,j}-z_{i,j})}\frac{\Delta t}{\Delta x_j(\Delta x_j+\Delta x_{j+1})\mu_{ij}}
$$

$$E_x'' = \frac{2T_{i,j-1}T_{i,j}}{T_{i,j-1}+T_{i,j}}\frac{\Delta t}{\Delta x_j(\Delta x_j + \Delta x_{j-1})\mu} = \frac{2K_{i,j-1}(H_{i,j-1}-z_{i,j-1})K_{i,j}(H_{i,j}-z_{i,j})}{K_{i,j-1}(H_{i,j-1}-z_{i,j-1})+K_{i,j}(H_{i,j}-z_{i,j})}\frac{\Delta t}{\Delta x_j(\Delta x_j+\Delta x_{j-1})\mu_{ij}}$$

$$E_y' = \frac{2T_{i+1,j}T_{i,j}}{T_{i+1,j}+T_{i,j}}\frac{\Delta t}{\Delta y_i(\Delta y_i + \Delta y_{i+1})\mu} = \frac{2K_{i+1,j}(H_{i+1,j}-z_{i+1,j})K_{i,j}(H_{i,j}-z_{i,j})}{K_{i+1,j}(H_{i+1,j}-z_{i+1,j})+K_{i,j}(H_{i,j}-z_{i,j})}\frac{\Delta t}{\Delta y_i(\Delta y_i+\Delta y_{i+1})\mu_{ij}}$$

$$E_y'' = \frac{2T_{i-1,j}T_{i,j}}{T_{i-1,j}+T_{i,j}}\frac{\Delta t}{\Delta y_i(\Delta y_i + \Delta y_{i-1})\mu} = \frac{2K_{i-1,j}(H_{i-1,j}-z_{i-1,j})K_{i,j}(H_{i,j}-z_{i,j})}{K_{i-1,j}(H_{i-1,j}-z_{i-1,j})+K_{i,j}(H_{i,j}-z_{i,j})}\frac{\Delta t}{\Delta y_i(\Delta y_i+\Delta y_{i-1})\mu_{ij}}$$

式中各符号同前，其中 $z_{i,j}$ 表示 (i,j) 单元含水层底板高程；$(H_{i,j}-z_{i,j})$ 则表示 (i,j) 单元含水层的厚度。从式中可以看出，潜水在非稳定运动过程中，含水层的厚度随地下水位高程变化，单元导水系数也随之成为地下水位的函数。因此，潜水地下水流运动的有限差分方程也是非线性方程，除对个别和极特殊条件下才可获得解析解外，通常都需要用近似方法将其线性化后求得近似解。

1.2.5.2　求解方法简介

1. 显式差分法

对式（1.79）右端各项的地下水位和导水系数全取时刻初刻（t）值：

$$H_{i,j}^{t+1} - H_{i,j}^t = E_x'(H_{i,j+1}-H_{i,j}) - E_x''(H_{i,j}-H_{i,j-1}) + E_y'(H_{i+1,j}-H_{i,j})$$
$$- E_y''(H_{i,j}-H_{i-1,j}) + \frac{w_{i,j}\Delta t}{\mu_{i,j}} \tag{1.79}$$

$$H_{i,j}^{t+1} = E_x^{t'}H_{i,j+1}^t + E_x^{t''}H_{i,j-1}^t + E_y^{t'}H_{i+1,j}^t + E_y^{t''}H_{i-1,j}^t + (1-E^t)H_{i,j}^t + \frac{w_{i,j}\Delta t}{\mu_{i,j}}$$
$$\tag{1.80}$$

式中 $E^t = E_x^{t'} + E_x^{t''} + E_y^{t'} + E_y^{t''}$

式（1.80）中只含有一个未知时刻水位，可以直接求解，但其解的精度较差，且是有条件收敛和稳定的。

2. 显-隐式差分法

将方程系数项（描写含水层厚度）中的水头取显式，而对描写水力坡度的水头取隐式，所获得的方程仍然是线性方程：

$$E^t H_{i,j}^{t+1} - E_x^{t'}H_{i,j+1}^{t+1} - E_x^{t''}H_{i,j-1}^{t+1} - E_y^{t'}H_{i+1,j}^{t+1} - E_y^{t''}H_{i-1,j}^{t+1} = \frac{w_{i,j}\Delta t}{\mu_{i,j}} \tag{1.81}$$

这种方法适用于含水层厚度较大，且在一个时间段（Δt）内水头变化不得过大的情形，通常要求满足 $\frac{\Delta t}{h-z} \leqslant 5\%$ 的条件[10]。

3. 隐式差分法

将方程左端的所有水头取（$t+1$）时刻，也称为全隐式差分法：

$$E^{t+1} H_{i,j}^{t+1} - E_x^{t+1'}H_{i,j+1}^{t+1} - E_x^{t+1''}H_{i,j-1}^{t+1} - E_y^{t+1'}H_{i+1,j}^{t+1} - E_y^{t+1''}H_{i-1,j}^{t+1} = \frac{w_{i,j}\Delta t}{\mu_{i,j}}$$
$$\tag{1.82}$$

式（1.82）为非线性方程，需要首先采用迭代法线性化。如果在每一步迭代过程，对线性方程组的求解仍采用迭代法，那么整个求解过程就双重迭代了。

第一步，取一组已知水位值 $H_{i,j}^t$ 代入方程系数项并作为初始迭代值，将方程（1.82）线性化并求解，作为 $H_{i,j}^{t+1}$ 的第 1 次近似解，记为 $H_{i,j}^{t(1)}$；

第二步，将 $H_{i,j}^{t(1)}$ 作为计算方程系数的水位值，再重复第一步，求出系数项的第二次迭代值，将方程线性化求解，作为 $H_{i,j}^{t+1}$ 的第 2 次近似解，记为 $H_{i,j}^{t(2)}$。

重复上述迭代计算过程，直到第 m 次时，相邻两次迭代解满足预设的绝对误差式（1.83）和相对误差式（1.84），则可将 $H_{i,j}^{t(m)}$ 作为 $H_{i,j}^{t+1}$ 的值。

$$\max\{|H_{i,j}^{m+1}-H_{i,j}^{m}|\}<\varepsilon_1 \tag{1.83}$$

$$\max\left\{\frac{|H_{i,j}^{m+1}-H_{i,j}^{m}|}{|H_{i,j}^{m+1}|}\right\}<\varepsilon_2 \tag{1.84}$$

全隐式差分法求解渗流问题时，精度高、稳定性和收敛性好，但计算工作量较大。

除上述介绍的方法以外，还有预测-校正法、ADI 法、ADI 法与预测-校正结合法等较多其他方法，深入学习可参考其他专门文献。

1.3　地下水流数值模拟有限单元法

1.3.1　有限单元法简介

有限元法的基本思想是将连续的研究域离散化，用有限个容易分析的单元来表示复杂的对象，单元之间通过有限个节点相互连接，利用在每个单元上的分片函数来近似表示全研究域上待求的未知函数。由于单元的数目是有限的，节点的数目也是有限的，所以称为有限单元法（finite element method，FEM），也常简称为有限元法。

由于单元本身可离散（剖分）成不同形状，能够有效模拟几何形状复杂的研究域。因此，一般来讲，有限单元法求解微分方程通常比有限差分法更为灵活、有效，但有限单元法的基本概念不像有限差分法那样直观和容易理解。

大约在 300 年前，牛顿和莱布尼茨发明了积分法，证明了该运算具有整体对局部的可加性。虽然，积分运算与有限元技术对定义域的划分是不同的，前者进行无限划分而后者进行有限划分，但积分运算为实现有限元技术准备好了第一个理论基础。

在牛顿之后约一百年，著名数学家高斯提出了加权余值法及线性代数方程组的解法。这两项成果的前者被用来将微分方程改写为积分表达式，后者被用来求解有限元法所得出的代数方程组。在 18 世纪，另一位数学家拉格朗日提出泛函分析。泛函分析是将偏微分方程改写为积分表达式的另一途径。

在 19 世纪末及 20 世纪初，英国物理学家瑞利（Rayleigh）和瑞士数学家里兹（Ritz）首先提出可对全定义域运用展开函数来表达其上的未知函数。1915 年，俄罗斯数学家伽辽金（Galerkin）提出了选择展开函数中形函数的伽辽金法，该方法被广泛地用于有限元。1943 年，数学家库朗德第一次提出了可在定义域内分片地使用展开函数来表达其上的未知函数。这实际上就是有限元的做法。所以，到这时为止，实现有限元技术的第二个理论基础也已确立。

20 世纪 50 年代，飞机设计师们发现无法用传统的力学方法分析飞机的应力、应变等问题。波音公司的一个技术小组，首先将连续体的机翼离散为三角形板块的集合来进行应力分析，经过一番波折后获得前述两个离散的成功。20 世纪 50 年代，大型电子计算机开始投入到解算大型代数方程组的工作，为实现有限元技术准备好了物质条件。

1960 年前后，美国的 R. W. Clough 教授及我国的冯康教授分别独立地在论文中提出了"有限单元"这样的名词，此后，这一表述被大家接受。有限元技术从此正式诞生，并很快风靡世界。

有限元法最初应用于航空器的结构强度计算，并由于其方便性、实用性和有效性而引起从事力学研究的科学家的浓厚兴趣。经过短短数十年的努力，随着计算机技术的快速发展和普及，有限元方法迅速从结构工程强度分析计算扩展到几乎所有的科学技术领域，成为一种应用广泛并且实用高效的数值分析方法。20 世纪 70 年代，有限单元方法引入地下水数值模拟。

依据建立代数方程组的途径不同，有限元法又分为瑞利-里兹有限单元法和伽辽金有限元法两种。这两种方法所导出的近似解及计算方法完全相同，但两者的基础不同：前者基于极小位能原理，后者则是基于虚功原理。

（1）瑞利-里兹有限单元法。

将数学模型转化为泛定方程求极值问题，再用有限差分方法离散成代数方程组，是通过泛函驻值条件求未知函数的一种近似方法。

该方法由英国物理学家瑞利（Rayleigh）于 1877 年在《声学理论》一书中首先采用，后由瑞士物理学家、数学家里兹（Ritz）于 1908 年作为一个有效方法提出。这一方法在许多力学、物理学问题中得到应用。

（2）伽辽金有限单元法。

伽辽金有限单元法（简称伽辽金法）是一种数值分析方法。它广泛应用于各种数学物理工程问题，特别是流体力学问题。

伽辽金有限单元法基本思想：从剩余加权法出发，利用剖分插值的方法，将数学模型的求解问题离散成常微分方程的求解问题，再利用差分方法把常微分方程离散成线性代数方程组的求解问题。

所谓剩余加权法（weighted residual approach），也称为加权余量法、加权残量法、加权残余法。当 n 有限时，定解方程存在偏差（余量）。取权函数，强迫每个节点上的余量在某种平均意义上为零。采用使节点余量的加权积分为零的等效积分的"弱"形式，来求得微分方程近似解的方法。

1.3.2 承压一维非稳定地下水流运动问题的有限单元法

为了更好地理解伽辽金有限单元法的基本原理，先介绍相对简单的一维水流运动问题［式（1.85）］的有限单元法[11]。

$$\begin{cases} \dfrac{\partial}{\partial x}\left(T\dfrac{\partial H}{\partial x}\right)=\mu^{*}\dfrac{\partial H}{\partial t} & x\in[0,L] \quad (a) \\[2mm] H(x,t)|_{t=0}=H_0(x) & x\in[0,L] \quad (b) \\[2mm] H(x,t)|_{x=0}=H_1(t) & t\geqslant 0 \qquad (c) \\[2mm] T\dfrac{\partial H}{\partial x}\Big|_{x=L}=q(t) & t\geqslant 0 \qquad (d) \end{cases} \qquad (1.85)$$

式中：各符号意义同前。

1.3.2.1　空间离散与试探解

将一维研究域（L）离散为一组相等长度的线段，每一个线段就是一个单元，长度为 Δx（空间步长）；单元的两端称为节点，共计 n 个节点、$n-1$ 个单元，单元和节点编号如图 1.24 所示。

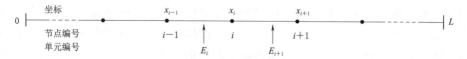

图 1.24　有限单元剖分示意图

假设有如下形式的试探解满足数学模型式（1.85）：

$$H^{*}(x,t)=H_1\varphi_1+H_2\varphi_2+\cdots+H_n\varphi_n=\sum_{j=1}^{n}H_j(t)\varphi_j(x)\quad x\in[0,L],\ t>0$$

$$(1.86)$$

式中：j 为节点编号；n 为节点总数；$H_j(t)$ 为节点 j 在 t 时刻的水头值；$\varphi_j(x)$ 为事先按一定要求选定的线性独立函数，为与节点 j 有关的内插函数，称为节点 j 的基函数。式（1.86）表明，试探解为节点水头的插值。所谓线性独立函数，是指：如果线性空间中的一组函数 φ_1、φ_2、φ_3，$\cdots$，φ_n 组成下面的等式：$\alpha_1\varphi_1+\alpha_2\varphi_2+\alpha_3\varphi_3+\cdots+\alpha_n\varphi_n=0$，则仅当所有的 α_i 都等于 0 时，等式才能成立。此时，称 φ_1、φ_2、φ_3，$\cdots$，φ_n 为线性独立函数。

1.3.2.2　线性基函数的构建

基函数 $\varphi_i(x)$ 可用线性（一次）函数或非线性函数（如二次函数）来定义，但线性函数应用最广。下面以单元 Ei 为例，讨论线性基函数 $\varphi_i(x)$ 的构建。

若在单元 Ei 上水头呈直线分布，则可表示为

$$H^{*}(x,t)=ax+b \qquad (1.87)$$

式中：a、b 为常数。

将单元两个节点的位置和水头值代入，得

$$H_{i-1}=ax_{i-1}+b;\quad H_i=ax_i+b$$

解出常数 a 和 b：

$$a=\frac{H_i-H_{i-1}}{x_i-x_{i-1}}=\frac{H_i-H_{i-1}}{\Delta x};\quad b=\frac{H_{i-1}x_i-H_ix_{i-1}}{x_i-x_{i-1}}=\frac{H_{i-1}x_i-H_ix_{i-1}}{\Delta x}$$

将 a、b 值代入方程式（1.87），得

$$H^*(x,t)=\frac{x_i-x}{\Delta x}H_{i-1}+\frac{x-x_{i-1}}{\Delta x}H_i \qquad (1.88)$$

式（1.88）即为单元 Ei（即线段 $i-1\sim i$ 上的水头分布函数。

式（1.86）是水头分布的一般表达式，对于每个线性单元，其具体形式必须与式（1.88）一致，可写为

$$H^*(x,t)=\varphi_{i-1}H_{i-1}+\varphi_iH_i \quad x\in[x_{i-1},x_i],\ t>0 \qquad (1.89)$$

由式（1.89）可知基函数的性质：

（1）当 x 在 Ei 单元内时，整个研究域上的 n 个基函数（φ_1，φ_2，…，φ_n）中仅有两个基函数不为零，其余均为零。

（2）当 x 在 Ei 单元左端点（$x=x_{i-1}$）时，$\varphi_{i-1}(x)=\dfrac{x_i-x_{i-1}}{\Delta x}=1$，$\varphi_i(x)=0$，则 $H^*(x,t)=H_{i-1}$；同理，当 x 在 Ei 单元右端点（$x=x_i$）时，$H^*(x,t)=H_i$；即，试探解在节点处的水头值就等于该节点上的实际水头值。

（3）当 x 在 Ei 单元内时，地下水位是该单元两个节点水位的线性叠加，而其基函数则分别表示 x 点与两个节点的接近程度；也可以理解为，单元内部地下水头值等于该单元两节点水头值的线性内插。

1.3.2.3　有限单元方程构建

如果试探解 H^*（1.86）不是数学模型式（1.85）的精确解，则将其代入方程式（1.85）将会产生误差，称为残差，记为 $R(x,t)$：

$$R(x,t)=\mu^*\frac{\partial H^*}{\partial t}-\frac{\partial}{\partial x}\left(T\frac{\partial H^*}{\partial x}\right) \quad x\in[0,L],\ t>0 \qquad (1.90)$$

剩余加权法，也称加权余量法，是采用残差加权积分为零，来求解微分方程近似解的一种方法，表示为式（1.91）：

$$\int_0^L R(x,t)w(x)\mathrm{d}x=0 \qquad (1.91)$$

式中：$w(x)$ 为权函数。

对权函数 $w(x)$ 的不同选择，可以得到不同的剩余加权量计算方法：

配置法：先在计算域内选取 N 个配置点，令近似解在选定的 N 个配置点上严格满足微分方程，即在配置点上令方程余量为 0，把 w_i 用 δ 函数表示：

$$\int_L R(x,t)\delta(x_i)\mathrm{d}x=0$$

最小二乘法：把 w_i 取用剩余本身，令内积的极小值则为对待求系数的平方误差最小：

$$\int_L R^2(x,t)\mathrm{d}x=0$$

伽辽金法：把 w_i 取为基函数 $\varphi_i(x)$，即

$$\int_L R(x,t)\varphi_i(x)\mathrm{d}x=0 \qquad (1.92)$$

（1）变换为偏微分方程和边界条件的等效积分"弱"形式。

将式（1.90）代入式（1.92），得

$$\int_L \left[\mu^* \frac{\partial H^*}{\partial t} - \frac{\partial}{\partial x}\left(T \frac{\partial H^*}{\partial x}\right)\right]\varphi_i(x)\mathrm{d}x = 0$$

$$\int_L \mu^* \frac{\partial H^*}{\partial t}\varphi_i(x)\mathrm{d}x - \int_L \frac{\partial}{\partial x}\left(T \frac{\partial H^*}{\partial x}\right)\varphi_i(x)\mathrm{d}x = 0 \qquad (1.93)$$

式（1.93）就是地下水一维非稳定流运动微分方程的等效积分形式。

利用分部积分法，可将式（1.93）左端第二项的二阶导数变为一阶导数。

分部积分法是微积分中重要的计算积分的方法。它的主要原理是把一个积分转变成另一个较为容易的积分。

1）不定积分的分部积分公式。

设函数 $u = u(x)$ 和 $v = v(x)$ 具有连续导数，其乘积的导数公式为

$$(uv)' = u'v + uv'$$

移项可得

$$u'v = (uv)' - uv'$$

对上式两边求不定积分

$$\int uv'\mathrm{d}x = uv - \int u'v\mathrm{d}x \quad \text{或} \quad \int u\mathrm{d}v = uv - \int v\mathrm{d}u$$

上式即为不定积分的分部积分公式，当求 $\int uv'\mathrm{d}x$ 有困难、而求 $\int u'v\mathrm{d}x$ 比较容易时，就可以利用上述公式进行简化计算。

2）定积分的分部积分公式。

利用上述不定积分的分部积分公式和牛顿-莱布尼茨（Newton - Leibniz）公式，可得定积分的分部积分公式：

$$\int_a^b uv'\mathrm{d}x = \left[uv \right]_a^b - \int_a^b u'v\mathrm{d}x \quad \text{或} \quad \int_a^b u\mathrm{d}v = \left[uv \right]_a^b - \int_a^b v\mathrm{d}u$$

依据上述分部积分法原理，可得

$$\frac{\partial}{\partial x}\left(T \frac{\partial H^*}{\partial x}\varphi_i \right) = T \frac{\partial H^*}{\partial x}\frac{\partial \varphi_i}{\partial x} + \frac{\partial}{\partial x}\left(T \frac{\partial H^*}{\partial x}\right)\varphi_i$$

$$\frac{\partial}{\partial x}\left(T \frac{\partial H^*}{\partial x}\right)\varphi_i = \frac{\partial}{\partial x}\left(T \frac{\partial H^*}{\partial x}\varphi_i \right) - T \frac{\partial H^*}{\partial x}\frac{\partial \varphi_i}{\partial x}$$

代入式（1.93），得

$$\int_L \mu^* \frac{\partial H^*}{\partial t}\varphi_i(x)\mathrm{d}x + \int_L T \frac{\partial H^*}{\partial x}\frac{\partial \varphi_i}{\partial x}\mathrm{d}x - \int_L \frac{\partial}{\partial x}\left(T \frac{\partial H^*}{\partial x}\varphi_i \right)\mathrm{d}x = 0 \qquad (1.94)$$

求出式（1.94）第三项的积分，得

$$\int_L \mu^* \frac{\partial H^*}{\partial t}\varphi_i(x)\mathrm{d}x + \int_L T \frac{\partial H^*}{\partial x}\frac{\partial \varphi_i}{\partial x}\mathrm{d}x - T \frac{\partial H^*}{\partial x}\varphi_i \bigg|_0^L = 0 \qquad (1.95)$$

在式（1.95）第三项上应用边界条件。注意，权函数仅在计算节点上有定义，而不包括已知水头的第一类边界点。因为第一类边界条件是强制条件，在边界上微分方程的解已经给定，无需近似解，残差为零的条件自动得到满足，不需要加权，因此，

在左边界（$x=0$）上 $\varphi_i = 0$；在右边界（$x=L$）上是未知水位、已知流量$\left(T \dfrac{\partial H^*}{\partial x} = q\right)$的边界，则有

$$\int_L \mu^* \frac{\partial H^*}{\partial t} \varphi_i(x) \mathrm{d}x + \int_L T \frac{\partial H^*}{\partial x} \frac{\partial \varphi_i}{\partial x} \mathrm{d}x - q\varphi_i(L) = 0 \tag{1.96}$$

式（1.96）是数学模型式（1.85）中偏微分方程和边界条件的等效积分"弱"形式。其中 $\varphi_i(L)$ 为权函数在右边界（$x=L$）处的值。

（2）将偏微分方程初边值问题变换为常微分方程初值问题。

将试探解式（1.86）代入式（1.96）：

$$\int_L \mu^* \frac{\partial \left[\sum_{j=1}^n H_j(t)\varphi_j\right]}{\partial t} \varphi_i \mathrm{d}x + \int_L T \frac{\partial \left[\sum_{i=1}^n H_j(t)\varphi_j\right]}{\partial x} \frac{\partial \varphi_i}{\partial x} \mathrm{d}x - q\varphi_i(L) = 0$$

由于 $H_j(t)$ 与 x 无关、φ 与 t 无关，则可将相应偏微分写为常微分形式：

$$\int_L \mu^* \sum_{j=1}^n \left[\frac{\mathrm{d}H_j(t)}{\mathrm{d}t}\varphi_j\right]\varphi_i \mathrm{d}x + \int_L \sum_{j=1}^n T\left[H_j(t)\frac{\mathrm{d}\varphi_j}{\mathrm{d}x}\right]\frac{\mathrm{d}\varphi_i}{\mathrm{d}x}\mathrm{d}x - q\varphi_i(L) = 0$$

交换积分与求和顺序，得

$$\sum_{j=1}^n M_{i,j} \frac{\mathrm{d}H_j}{\mathrm{d}t} + \sum_{j=1}^n T_{i,j} H_j = F_i \tag{1.97}$$

式中：$M_{i,j}$ 为储水矩阵；$T_{i,j}$ 为导水矩阵；F_i 为水量矩阵。

$$M_{i,j} = \int_L \mu^* \varphi_i \varphi_j \mathrm{d}x \tag{1.98a}$$

$$T_{i,j} = \int_L T \frac{\mathrm{d}\varphi_j}{\mathrm{d}x} \frac{\mathrm{d}\varphi_i}{\mathrm{d}x} \mathrm{d}x \tag{1.98b}$$

$$F_i = q\varphi_i(L) \tag{1.98c}$$

在方程式（1.97）中，每个 i 对应一个方程，共有 $n-1$ 个方程。由于左边界上的水头已知，所以方程组中未知数的个数也是 $n-1$ 个，求解可得到每个节点的水头值。

下面求 $M_{i,j}$、$T_{i,j}$ 和 F_i 时用到了如下的积分结果：

$$\int_{\Delta x} \varphi_i \varphi_j \mathrm{d}x = \begin{cases} \dfrac{\Delta x}{3} & (i=j) \\[2mm] \dfrac{\Delta x}{6} & (i \neq j) \end{cases} \tag{1.99a}$$

$$\int_{\Delta x} \frac{\mathrm{d}\varphi_j}{\mathrm{d}x} \frac{\mathrm{d}\varphi_i}{\mathrm{d}x} \mathrm{d}x = \begin{cases} \dfrac{1}{\Delta x} & (i=j) \\[2mm] \dfrac{-1}{\Delta x} & (i \neq j) \end{cases} \tag{1.99b}$$

基于基函数的性质，φ_i 仅在拥有 i 节点的 E_{i+1} 单元和 E_i 单元上不为零（当 $i=n$ 时，仅在 E_n 单元上不为零），其余均为零；φ_j 同样具有类似性质，因此：

$$M_{i,j} = \int_L \mu^* \varphi_i \varphi_j \, \mathrm{d}x = \int_{\Delta x} \mu^*_{E_{i+1}} \varphi_i^{E_{i+1}} \varphi_j^{E_{i+1}} \, \mathrm{d}x + \int_{\Delta x} \mu^*_{E_i} \varphi_i^{E_i} \varphi_j^{E_i} \, \mathrm{d}x$$

$$M_{i,j} = \begin{cases} \mu^*_{E_{i+1}} \Delta x / 6 & (i \neq j,\ i \in E_{i+1}) \\ \mu^*_{E_i} \Delta x / 6 & (i \neq j,\ i \in E_i) \\ \mu^*_{E_{i+1}} \Delta x / 3 + \mu^*_{E_i} \Delta x / 3 & (i = j,\ E_i \ni i \in E_{i+1}) \\ 0 & (\text{其他}) \end{cases} \tag{1.100}$$

同理，可得到导水矩阵 $T_{i,j}$：

$$T_{i,j} = \begin{cases} -T_{E_{i+1}} / \Delta x & (i \neq j,\ i \in E_{i+1}) \\ -T_{E_i} / \Delta x & (i \neq j,\ i \in E_i) \\ (T_{E_{i+1}} + T_{E_i}) / \Delta x & (i = j,\ E_i \ni i \in E_{i+1}) \\ 0 & (\text{其他}) \end{cases} \tag{1.101}$$

对于水量矩阵 F_i，当 $i = n$ 时，$\varphi_i(L) = 1$，其余皆为零，因此：

$$F_i = q\varphi_i(L) = \begin{cases} q & (i = n) \\ 0 & (\text{其他}) \end{cases} \tag{1.102}$$

将式（1.100）、式（1.101）代入式（1.97），有

$$\sum_{j=1}^n M_{i,j} \frac{\mathrm{d}H_j}{\mathrm{d}t} + \sum_{j=1}^n T_{i,j} H_j = F_i$$

$$\mu^*_{E_i} \frac{\Delta x}{6} \frac{\mathrm{d}H_{i-1}}{\mathrm{d}t} + \left(\mu^*_{E_i} \frac{\Delta x}{3} + \mu^*_{E_{i+1}} \frac{\Delta x}{3} \right) \frac{\mathrm{d}H_i}{\mathrm{d}t} + \mu^*_{E_{i+1}} \frac{\Delta x}{6} \frac{\mathrm{d}H_{i+1}}{\mathrm{d}t} - \frac{T_{E_i}}{\Delta x} H_{i-1}$$

$$+ \left(\frac{T_{E_i}}{\Delta x} + \frac{T_{E_{i+1}}}{\Delta x} \right) H_i - \frac{T_{E_{i+1}}}{\Delta x} H_{i+1} = F_i \tag{1.103}$$

相应地，初始条件式（1.85）中的初始条件变为

$$H(x,t)|_{t=0} = H_{0i} \quad x \in [0, L] \tag{1.104}$$

由此，通过剩余加权法，将偏微分方程的初边值问题［式（1.85）］变成了常微分方程的初值问题［式（1.103）和式（1.104）］。

（3）将常微分方程初值问题变换为代数方程组并求解。

在将常微分方程初值问题变换为代数方程组问题时，用到的是有限差分法：

$$\frac{\mathrm{d}H}{\mathrm{d}t} = \lim_{\Delta t \to 0} \frac{H^{t+1} - H^t}{\Delta t} \approx \frac{H^{t+1} - H^t}{\Delta t} \tag{1.105}$$

因此，这里所讨论的有限单元法实际上是一种混合方法：在空间上用有限单元法进行离散化，在时间上则用有限差分法进行离散化：将时间 $0 \sim T$ 划分为许多时段：$\Delta t_i (i = 1, 2, \cdots, n)$，$\Delta t_i$ 可以不等，在每一个时段内将水位、水量视为线性变化。

利用式（1.105），采用隐式差分格式，式（1.103）可写成：

$$\mu^*_{E_i} \frac{\Delta x}{6} \frac{H_{i-1}^{t+1} - H_{i-1}^t}{\Delta t} + \left(\mu^*_{E_i} \frac{\Delta x}{3} + \mu^*_{E_{i+1}} \frac{\Delta x}{3} \right) \frac{H_i^{t+1} - H_i^t}{\Delta t} + \mu^*_{E_{i+1}} \frac{\Delta x}{6} \frac{H_{i+1}^{t+1} - H_{i+1}^t}{\Delta t}$$

$$- \frac{T_{E_i}}{\Delta x} H_{i-1}^{t+1} + \left(\frac{T_{E_i}}{\Delta x} + \frac{T_{E_{i+1}}}{\Delta x} \right) H_i^{t+1} - \frac{T_{E_{i+1}}}{\Delta x} H_{i+1}^{t+1} = F_i \tag{1.106}$$

整理得到节点 i 的方程为

$$a_{i-1}H_{i-1}^{t+1} + a_i H_i^{t+1} + a_{i+1}H_{i+1}^{t+1} = b_i \quad\quad (1.107)$$

式（1.107）即为式（1.85）的有限单元方程，其中：

$$a_{i-1} = \frac{\mu_{E_i}^* \Delta x}{6 \Delta t} - \frac{T_{E_i}}{\Delta x}$$

$$a_i = \frac{\mu_{E_i}^* \Delta x + \mu_{E_{i+1}}^* \Delta x}{3 \Delta t} + \frac{T_{E_i} + T_{E_{i+1}}}{\Delta x}$$

$$a_{i+1} = \frac{\mu_{E_{i+1}}^* \Delta x}{6 \Delta t} - \frac{T_{E_{i+1}}}{\Delta x}$$

$$b_i = \frac{\mu_{E_i}^* \Delta x}{6 \Delta t} H_{i-1}^t + \frac{\mu_{E_i}^* \Delta x + \mu_{E_{i+1}}^* \Delta x}{3 \Delta t} H_i^t + \frac{\mu_{E_{i+1}}^* \Delta x}{6 \Delta t} H_{i+1}^t + F_i$$

除了已知水头值的左边界节点外，每个节点都得到一个方程，构成线性代数方程组：

$$[a]\{H\} = \{b\} \quad\quad (1.108)$$

方程组［式（1.108）］的求解方法与有限差分法类似，有直接解法和迭代解法两大类，不再赘述。

【作业 1.2】

承压地下水一维非稳定渗流的数学模型见式（1.109），已知 $\mu^* = 0.01$，$K = 1\text{m/d}$，$H_0 = 10\text{m}$，$H_1 = 16\text{m}$，$H_2 = 11\text{m}$，$L = 100\text{m}$，等分为 50 个单元。①建立该数学模型的有限单元方程；②编程计算 $t = 1\text{d}$ 时两河间的水头分布，并与解析解对比。

$$\begin{cases} \dfrac{\partial}{\partial x}\left(T \dfrac{\partial H}{\partial x}\right) = \mu^* \dfrac{\partial H}{\partial t} & x \in [0, L], \ t \geqslant 0 \quad (a) \\[2mm] H(x, t)\big|_{t=0} = H_0(x) & x \in [0, L] \quad\quad\quad (b) \\[2mm] H(x, t)\big|_{x=0} = H_1(t) & t \geqslant 0 \quad\quad\quad\quad (c) \\[2mm] H(x, t)\big|_{x=L} = H_2(t) & t \geqslant 0 \quad\quad\quad\quad (d) \end{cases} \quad (1.109)$$

1.3.3 承压二维非稳定地下水流运动问题的有限单元法

承压二维非稳定地下水流运动的数学模型如下：

$$\begin{cases} \dfrac{\partial}{\partial x}\left(T \dfrac{\partial h}{\partial x}\right) + \dfrac{\partial}{\partial y}\left(T \dfrac{\partial h}{\partial y}\right) = \mu^* \dfrac{\partial h}{\partial t} & (x, y) \in D, t \geqslant 0 \\[2mm] h(x, y, 0)\big|_{t=0} = H_0(x, y) & (x, y) \in D \\[2mm] h(x, y, t)\big|_{\Gamma_1} = H_1(x, y, t) & (x, y) \in D, t \geqslant 0 \\[2mm] T \dfrac{\partial h}{\partial \boldsymbol{n}}\bigg|_{\Gamma_2} = q(x, y, t) & (x, y) \in D, t \geqslant 0 \end{cases} \quad (1.110)$$

伽辽金有限单元法求解上述数学模型的基本步骤如下：

（1）剖分研究域、构造试探解。

（2）构造基函数。

（3）形成等效积分的弱形式。

（4）建立有限单元方程。

（5）有限单元方程的求解与应用。

1.3.3.1　研究域离散和试探解构造

（1）剖分。

把计算区剖分成若干小区域，称为单元，单元形状可以是矩形、三角形、多边形、曲边形等，目前以三角形剖分（图1.25）为主，剖分原则如下：

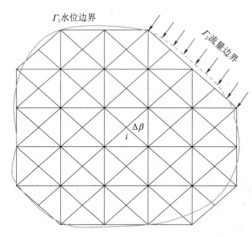

图 1.25　有限单元三角形剖分示意图

1）三角单元任意内角应在 $30°\sim90°$ 之间，最好是等边三角形，这样才能保证解的收敛和稳定。

2）单元间顶点相连，不允许一个单元的顶点落在另一个单元的边上。

3）相邻单元不要相差过大，要逐渐过渡。

4）水力坡度大的地方，单元要小一些。

5）剖分单元不应跨越分水岭。

6）剖分单元不应跨越不同水文地质分区，尽量保证每个单元参数一致。

7）边界平直，则边界与单元边界可重叠，如果边界弯曲，可裁弯取直，采用近似边界。

将研究区域 D 剖分为一系列三角形单元的集合体，每个三角形构成一个单元，共 np 个单元；第 β 个三角单元的面积记为 $\Delta\beta$。对于任意给定单元，各水文地质参数为常量，各源汇项为常量或线性变化量。三角形的顶点称为节点（$i=1,2,3,\cdots,n$）；其中第 2 类边界点数量为 m 个，为待求水位节点；第一类边界点数量为 $n-m$ 个，为已知水位节点。

（2）构造试探解。

可将数学模型中的偏微分方程（1.110）变为

$$L(h)=\frac{\partial}{\partial x}\left(T\frac{\partial h}{\partial x}\right)+\frac{\partial}{\partial y}\left(T\frac{\partial h}{\partial y}\right)-\mu^*\frac{\partial h}{\partial t}=0 \qquad (1.111)$$

构造方程试探解：

$$h^*(x,y,t)=\sum_{j=1}^{n}h_j(t)\varphi_j(x,y) \qquad (1.112)$$

式中：$h_j(t)$ 为单元节点（j）待定的未知水位；n 为剖分节点的数量；$\varphi_j(x,y)$

为事先按一定要求选定的线性独立函数，称为 j 节点上的基函数。如能求出 j 节点处的水位，则单元上任一点的水位都可以用节点水位的组合近似表示。

如果 $h^*(x, y, t)$ 是方程（1.110）的解，则 $L(h^*)=0$；否则，$L(h^*)=R\neq 0$。R 即为由近似值引起的剩余或残差。

在整个计算域内，各点处的剩余值不同，因此，不应令个别点剩余值为 0，因为这样容易引起其他点残差过大的问题。此时，可选一组与节点水位相对应的权重函数 w_1、w_2、w_3、$\cdots$、w_n，要求 w_i 能使计算域内各节点剩余值（R）的加权平均积分为零，即

$$\iint_D Rw_i\,\mathrm{d}x\,\mathrm{d}y = \iint_D L(h^*)w_i\,\mathrm{d}x\,\mathrm{d}y = 0$$

令 $D=\sum_{i=1}^{np}\Delta\beta_i$，其中 np 为剖分单元的数量，则：

$$\sum_{\beta=1}^{np}\iint_{\Delta\beta} L\left(\sum_{j=1}^{n}h_j(t)\varphi_j(x,y)\right)w_i\,\mathrm{d}x\,\mathrm{d}y = 0 \qquad (1.113)$$

式（1.113）称为剩余加权积分式，是一组常微分方程。其中，对权函数 w_i 取成基函数 $\varphi_j(x, y)$，即为伽辽金有限单元方程：

$$\sum_{\beta=1}^{np}\iint_{\Delta\beta} L\left(\sum_{j=1}^{n}h_j(t)\varphi_j(x,y)\right)\varphi_i\,\mathrm{d}x\,\mathrm{d}y = 0 \qquad (1.114)$$

式中：j 为全区剖分节点总数，$j=1,2,3,\cdots,n$；i 为计算节点总数（内节点加上二类边界上的节点），$i=1,2,\cdots,m$；np 为剖分单元的总数。

1.3.3.2 剖分插值法构造基函数

（1）插值单元上的形状函数-基函数 $\varphi(x, y)$。

假设在每个剖分单元内的地下水面近似为一个斜平面（图 1.26），则该平面内任一点水位可用 $h(x,y,t)=A+Bx+Cy$ 来表示。

任取 1 个 β 三角形，3 个顶点坐标分别为 i，j，k（图 1.27），面积为 $\Delta\beta$，三坐标分别为 (x_i, y_i)、(x_j, y_j)、(x_k, y_k)，三点水位分别为 h_i、h_j、h_k，则

$$h_i=A+Bx_i+Cy_i;\ h_j=A+Bx_j+Cy_j;\ h_k=A+Bx_k+Cy_k$$

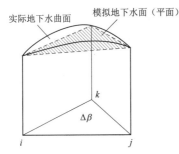

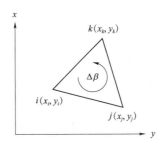

图 1.26 用平面逼近曲面 图 1.27 节点编号一般规则

若 h_i、h_j、h_k 三点水位已知，可解出 A、B、C 的值：

$$A = \frac{1}{2\Delta\beta}\left[(x_j y_k - x_k y_j)h_i + (x_k y_i - x_i y_k)h_j + (x_i y_j - x_j y_i)h_k\right]$$

$$= \frac{1}{2\Delta\beta}\left[a_i h_i + a_j h_j + a_k h_k\right] \tag{1.115}$$

同理：

$$B = \frac{1}{2\Delta\beta}(b_i h_i + b_j h_j + b_k h_k) \tag{1.116}$$

$$C = \frac{1}{2\Delta\beta}(c_i h_i + c_j h_j + c_k h_k) \tag{1.117}$$

式中：

$$a_i = x_j y_k - x_k y_j \;;\; a_j = x_k y_i - x_i y_k \;;\; a_k = x_i y_j - x_j y_i \tag{1.118}$$

$$b_i = y_j - y_k \;;\quad b_j = y_k - y_i \;;\quad b_k = y_i - y_j \tag{1.119}$$

$$c_i = x_k - x_j \;;\quad c_j = x_i - x_k \;;\quad c_k = x_j - x_i \tag{1.120}$$

上述 a_i、a_j、a_k、b_i、b_j、b_k、c_i、c_j、c_k 称为几何量。

把 A、B、C 值代入 $h = A + Bx + Cy$，整理，得

$$\begin{aligned}
h(x,y,t) &= \frac{1}{2\Delta\beta}(a_i h_i + a_j h_j + a_k h_k) + \frac{1}{2\Delta\beta}(b_i h_i + b_j h_j + b_k h_k)x \\
&\quad + \frac{1}{2\Delta\beta}(c_i h_i + c_j h_j + c_k h_k)y \\
&= \frac{1}{2\Delta\beta}(a_i + b_i x + c_i y)h_i + \frac{1}{2\Delta\beta}(a_j + b_j x + c_j y)h_j \\
&\quad + \frac{1}{2\Delta\beta}(a_k + b_k x + c_k y)h_k \\
&= \varphi_i(x,y)h_i + \varphi_j(x,y)h_j + \varphi_k(x,y)h_k
\end{aligned} \tag{1.121}$$

其中，$\Delta\beta$ 为三角形面积：

$$\Delta\beta = \frac{1}{2}\begin{vmatrix} 1 & x_i & y_i \\ 1 & x_j & y_j \\ 1 & x_k & y_k \end{vmatrix}$$

$$= \frac{1}{2}(x_j y_k - x_k y_j) + (x_k y_i - x_i y_k) + (x_i y_j - x_j y_i) \tag{1.122}$$

由式（1.122）可见，三角形内任一点水位 $h(x,y,t)$ 由 h_i、h_j、h_k 确定，三节点对 $h(x,y,t)$ 影响大小取决于三角形单元内的形状函数 φ_i、φ_j、φ_k。

以 φ_i 为例，解释形状函数的意义：

$$\begin{aligned}
\varphi_i(x,y) &= \frac{1}{2\Delta\beta}(a_i + b_i x + c_i y) \\
&= \frac{1}{2\Delta\beta}\left[(x_j y_k - x_k y_j) + (y_j - y_k)x + (x_k - x_j)y\right] \\
&= \frac{1}{2\Delta\beta}\begin{vmatrix} 1 & x & y \\ 1 & x_j & y_j \\ 1 & x_k & y_k \end{vmatrix} = \frac{1}{2\Delta\beta}2\Delta\beta_i = \frac{\Delta\beta_i}{\Delta\beta}
\end{aligned}$$

式中：$\Delta\beta_i$ 为 i 节点所对的三角单元面积（图 1.28）。

同理：$\varphi_j = \dfrac{\Delta\beta_j}{\Delta\beta}$；$\varphi_k = \dfrac{\Delta\beta_k}{\Delta\beta}$

则：$\varphi_i(x,y) + \varphi_j(x,y) + \varphi_k(x,y) = 1$

所以，当 $h(x,y)$ 位于 i 节点时，$h(x,y)$ 不受 h_j 和 h_k 的影响，即

$\varphi_i(x,y) = 1,\ \varphi_j(x,y) = \varphi_k(x,y) = 0$

同理，当 $h(x,y)$ 位于 j 节点时，$\varphi_j(x,y) = 1$，$\varphi_i(x,y) = \varphi_k(x,y) = 0$；

当 $h(x,y)$ 位于 k 节点时，$\varphi_k(x,y) = 1$，$\varphi_i(x,y) = \varphi_j(x,y) = 0$。

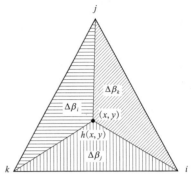

图 1.28 三角单元面积构成

由此可知，$h(x,y) = \varphi_i(x,y)h_i + \varphi_j(x,y)h_j + \varphi_k(x,y)h_k$ 表明：三角单元内任意点的水位是三角形 3 个节点水位的面积加权平均值。

（2）任意节点在不同单元上的基函数 $\varphi_i^\beta(x,y)$。

基函数 $\varphi_i(x,y)$ 是针对节点 i 定义的。设在 n 个单元中，与节点 i 有关的单元有 α 个（图 1.29），$\alpha = 1,2,3\cdots$ 则节点 i 的基函数可定义为

$$\varphi_i(x,y) = \begin{cases} \varphi_i^{\beta_1}(x,y) & (x,y) \in \beta_1 \\ \varphi_i^{\beta_2}(x,y) & (x,y) \in \beta_2 \\ \vdots \\ \varphi_i^{\beta_\alpha}(x,y) & (x,y) \in \beta_\alpha \\ 0 & (x,y) \notin \text{与节点 } i \text{ 有关的单元} \end{cases} \qquad (1.123)$$

当计算点位于节点 i 上时，$\varphi_i(x,y) = 1$；当计算点位于以 i 为顶点的三角形所组成区域的周边上时，$\varphi_i(x,y) = 0$；当计算点位于以 i 为顶点的三角形之中时，$\varphi_i(x,y)$ 介于 0～1 之间：$0 < \varphi_i^\beta(x,y) = \dfrac{1}{2\Delta\beta}(a_i + b_i x + c_i y) < 1$；当计算点位于其他区域时，$\varphi_i(x,y) = 0$。

可见，$\varphi_i(x,y)$ 是分片定义的线性连续函数，在研究域的绝大部分区域上为零，仅在以 i 为顶点的三角形所组成的区域上其值为 0～1；由此，得到了 $\varphi_i(x,y)(i=1,2,3,\cdots,n)$ 在研究域 D 上的全部定义。

i 点水位对全区产生的影响，可用统一的解析表达式表达为 $\varphi_i(x,y)h_i(t)$；全区内任意点的插值水头值则可表示为 $h^*(x,y,t) = \sum_{i=1}^n h_i(t)\varphi_i(x,y)$。

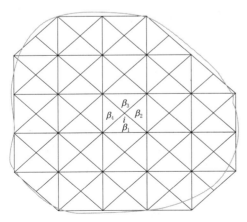

图 1.29 节点位置与单元分布

【例题 1.4】

如图 1.30 所示，采用伽辽金有限单元法进行地下水流数学模拟求解过程中，在研究域上任取一个三角单元 Δijk，三个结点坐标分别为 $i(100, 100)$、$j(0, 0)$ 和 $k(200, 0)$。在三角单元内部有一点 $h(110, 40)$。求：（1）形状函数 φ_i、φ_j 和 φ_k 的值；（2）如果 i、j 和 k 三点水位分别为 100m、110m、120m，计算 h 点水位的具体数值。

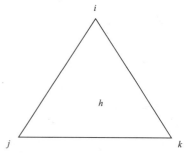

图 1.30　三角形单元结点编号待求水位点位置

解：

$$\Delta\beta = \frac{1}{2}\begin{vmatrix} 1 & 100 & 100 \\ 1 & 0 & 0 \\ 1 & 200 & 0 \end{vmatrix} = \frac{1}{2} \times 100 \times 200 = 10000$$

$$\varphi_i = \frac{1}{2\Delta\beta}[(x_j y_k - x_k y_j) + (y_j - y_k)x + (x_k - x_j)y]$$

$$\varphi_i = \frac{1}{2 \times 10000} \times (200 \times 40) = 0.4$$

$$\varphi_j = \frac{1}{2\Delta\beta}[(x_k y_i - x_i y_k) + (y_k - y_i)x + (x_i - x_k)y]$$

$$\varphi_j = \frac{1}{2 \times 10000} \times [(200 \times 100) + (-100) \times 110 + (100 - 200) \times 40] = 0.25$$

$$\varphi_k = \frac{1}{2\Delta\beta}[(x_i y_j - x_j y_i) + (y_i - y_j)x + (x_j - x_i)y]$$

$$\varphi_k = \frac{1}{2 \times 10000} \times [(100 - 0) \times 110 + (0 - 100) \times 40] = 0.35$$

$$h = \varphi_i h_i + \varphi_j h_j + \varphi_k h_k$$

$$h = 0.4 \times 100 + 0.25 \times 110 + 0.35 \times 120 = 109.5(\text{m})$$

由上述计算举例可见：只要知道三角单元的空间位置，就可以确定其形状函数；三角单元内任一点的水位值也可用单元顶点水位与基函数的组合确定。

1.3.3.3　将偏微分方程初边值问题变换为常微分方程初值问题

由 1.3.2.1 中可知，承压二维非稳定地下水流运动的数学模型（1.110）偏微分方程的伽辽金有限单元方程形式为

$$\sum_{\beta=1}^{np} \iint_{\Delta\beta} L\left[\sum_{j=1}^{n} h_j(t)\varphi_j(x,y)\right]\varphi_i \, \mathrm{d}x \, \mathrm{d}y = 0 \tag{1.124}$$

将试探解 $h^*(x,y,t) = \sum_{j=1}^{n} h_j(t)\varphi_j(x,y)$ 代入地下水运动偏微分方程，再代入上式，可得

$$\sum_{\beta=1}^{np} \iint_{\Delta\beta}\left[\frac{\partial}{\partial x}\left(T\frac{\partial h^*}{\partial x}\right) + \frac{\partial}{\partial y}\left(T\frac{\partial h^*}{\partial y}\right) + w - \mu^*\frac{\partial h^*}{\partial t}\right]\varphi_i \, \mathrm{d}x \, \mathrm{d}y = 0 \tag{1.125}$$

对方程左端前两项应用分部积分法：

$$\frac{\partial}{\partial x}\left[T\frac{\partial h^*}{\partial x}\varphi_i\right] = \frac{\partial}{\partial x}\left[T\frac{\partial h^*}{\partial x}\right]\varphi_i + T\frac{\partial h^*}{\partial x}\frac{\partial \varphi_i}{\partial x}$$

则有

$$\frac{\partial}{\partial x}\left[T\frac{\partial h^*}{\partial x}\right]\varphi_i=\frac{\partial}{\partial x}\left[T\frac{\partial h^*}{\partial x}\varphi_i\right]-T\frac{\partial h^*}{\partial x}\frac{\partial \varphi_i}{\partial x} \tag{1.126}$$

同理:

$$\frac{\partial}{\partial y}\left[T\frac{\partial h^*}{\partial y}\varphi_i\right]=\frac{\partial}{\partial y}\left[T\frac{\partial h^*}{\partial y}\right]\varphi_i-T\frac{\partial h^*}{\partial y}\frac{\partial \varphi_i}{\partial y}$$

即,

$$\frac{\partial}{\partial y}\left[T\frac{\partial h^*}{\partial y}\right]\varphi_i=\frac{\partial}{\partial y}\left[T\frac{\partial h^*}{\partial y}\varphi_i\right]-T\frac{\partial h^*}{\partial y}\frac{\partial \varphi_i}{\partial y} \tag{1.127}$$

将式 (1.126)、式 (1.127) 代入式 (1.125) 中, 得

$$\sum_{\beta=1}^{np}\iint_{\Delta\beta}\left[\frac{\partial}{\partial x}\left(T\frac{\partial h^*}{\partial x}\varphi_i\right)+\frac{\partial}{\partial y}\left(T\frac{\partial h^*}{\partial y}\varphi_i\right)-T\frac{\partial h^*}{\partial x}\frac{\partial \varphi_i}{\partial x}-T\frac{\partial h^*}{\partial y}\frac{\partial \varphi_i}{\partial y}+w\varphi_i-\mu^*\frac{\partial h^*}{\partial t}\varphi_i\right]$$
$$\mathrm{d}x\,\mathrm{d}y=0 \tag{1.128}$$

其中, 对 $\iint_{\Delta\beta}\left[\frac{\partial}{\partial x}\left(T\frac{\partial h^*}{\partial x}\varphi_i\right)+\frac{\partial}{\partial y}\left(T\frac{\partial h^*}{\partial y}\varphi_i\right)\right]\mathrm{d}x\,\mathrm{d}y$ 应用格林函数公式, 则有

$$\iint_{\Delta\beta}\left[\frac{\partial}{\partial x}\left(T\frac{\partial h^*}{\partial x}\varphi_i\right)+\frac{\partial}{\partial y}\left(T\frac{\partial h^*}{\partial y}\varphi_i\right)\right]\mathrm{d}x\,\mathrm{d}y$$
$$=\oint_L\left(T\frac{\partial h^*}{\partial x}\varphi_i\right)\mathrm{d}y+\left(T\frac{\partial h^*}{\partial y}\varphi_i\right)\mathrm{d}x$$
$$=\oint_{L=\Gamma_1+\Gamma_2}T\varphi_i\left[\left(\frac{\partial h^*}{\partial x}\cos(\vec{n},x)+\frac{\partial h^*}{\partial y}\cos(\vec{n},y)\right)\right]\mathrm{d}\Gamma$$

由于在权函数仅在未知水位节点上有定义, 而 Γ_1 上水位已知, 其 $\varphi_i=0$, 则上式可变为

$$\int_{\Gamma_2}T\varphi_i\left[\frac{\partial h^*}{\partial x}\cos(\vec{n},x)+\frac{\partial h^*}{\partial y}\cos(\vec{n},y)\right]\mathrm{d}\Gamma=\int_{\Gamma_2}T\frac{\partial h^*}{\partial \vec{n}}\varphi_i\mathrm{d}\Gamma=\int_{\Gamma_2}q\varphi_i\mathrm{d}\Gamma \tag{1.129}$$

将式 (1.129) 代入式 (1.128) 中, 得

$$-\sum_{\beta=1}^{np}\iint_{\Delta\beta}T\left(\frac{\partial h^*}{\partial x}\frac{\partial \varphi_i}{\partial x}+\frac{\partial h^*}{\partial y}\frac{\partial \varphi_i}{\partial y}\right)\mathrm{d}x\,\mathrm{d}y$$
$$+\int_{\Gamma_2}q\varphi_i\mathrm{d}\Gamma+\sum_{\beta=1}^{np}\iint_{\Delta\beta}w\varphi_i\mathrm{d}x\,\mathrm{d}y-\sum_{\beta=1}^{np}\iint_{\Delta\beta}\mu^*\frac{\partial h^*}{\partial t}\varphi_i\mathrm{d}x\,\mathrm{d}y$$
$$=0 \tag{1.130}$$

将试探解 $h^*=\sum_{j=1}^n h_j(t)\varphi_j(x,y)$ 代入式 (1.130), 整理, 得

$$-\sum_{\beta=1}^{np}\iint_{\Delta\beta}\sum_{j=1}^n T\left(\frac{\partial \varphi_j}{\partial x}\frac{\partial \varphi_i}{\partial x}+\frac{\partial \varphi_j}{\partial y}\frac{\partial \varphi_i}{\partial y}\right)\mathrm{d}x\,\mathrm{d}y\cdot h_j(t)$$
$$+\int_{\Gamma_2}q\varphi_i\mathrm{d}\Gamma+\sum_{\beta=1}^{np}\iint_{\Delta\beta}w\varphi_i\mathrm{d}x\,\mathrm{d}y-\sum_{\beta=1}^{np}\iint_{\Delta\beta}\sum_{j=1}^n\mu^*\varphi_i\varphi_j\mathrm{d}x\,\mathrm{d}y\frac{\mathrm{d}h_j(t)}{\mathrm{d}t}$$
$$=0$$

进一步整理, 得

$$\sum_{\beta=1}^{np}\iint_{\Delta\beta}\sum_{j=1}^{n}T\left(\frac{\partial\varphi_j}{\partial x}\frac{\partial\varphi_i}{\partial x}+\frac{\partial\varphi_j}{\partial y}\frac{\partial\varphi_i}{\partial y}\right)\mathrm{d}x\,\mathrm{d}y\cdot h_j(t)$$

$$+\sum_{\beta=1}^{np}\iint_{\Delta\beta}\sum_{j=1}^{n}\mu^*\,\varphi_j\varphi_i\,\mathrm{d}x\,\mathrm{d}y\cdot\frac{\mathrm{d}h_j(t)}{\mathrm{d}t}$$

$$=\sum_{\beta=1}^{np}\iint_{\Delta\beta}w\varphi_i\,\mathrm{d}x\,\mathrm{d}y+\int_{\Gamma_2}q\varphi_i\,\mathrm{d}\Gamma \tag{1.131}$$

此式（1.131）即为第 i 个节点的有限单元方程，根据基函数的性质，在 np 个单元中，真正对 i 节点有贡献的只有以 i 节点为公共顶点的周围单元，而其他节点水位对 i 节点的贡献为零，下面将式（1.131）分解成 3 个部分来分析其性质。

1. 导水矩阵

因为：$\varphi_i=\dfrac{a_i+b_ix+c_iy}{2\Delta\beta}$；$\varphi_j=\dfrac{a_j+b_jx+c_jy}{2\Delta\beta}$，则有

$$\frac{\partial\varphi_i}{\partial x}=\frac{b_i}{2\Delta\beta};\ \frac{\partial\varphi_i}{\partial y}=\frac{c_i}{2\Delta\beta};\ \frac{\partial\varphi_j}{\partial x}=\frac{b_j}{2\Delta\beta};\ \frac{\partial\varphi_j}{\partial y}=\frac{c_j}{2\Delta\beta};\ \Delta\beta=\iint_{\Delta\beta}\mathrm{d}x\,\mathrm{d}y$$

将上述表达式代入式（1.131）中的第一项，积分，得

$$\sum_{\beta=1}^{np}\iint_{\Delta\beta}\sum_{j=1}^{n}T\left[\frac{b_ib_j+c_ic_j}{4(\Delta\beta)^2}\right]\mathrm{d}x\,\mathrm{d}y\cdot h_j(t)$$

对于一个三角单元 $\Delta\beta$ 而言，j 仅有三角单元 i、j、k 3 个节点，则上式可以具体化为如下形式：

$$\sum_{\beta=1}^{np'}\frac{T_\beta}{4\Delta\beta}\sum_{j=1}^{n}\left[(b_ib_j+c_ic_j)h_j(t)\right]$$

$$=\sum_{\beta=1}^{np'}\frac{T_\beta}{4\Delta\beta}\left[(b_i^2+c_i^2)h_i+(b_ib_j+c_ic_j)h_j+(b_ib_k+c_ic_k)h_k\right] \tag{1.132}$$

式中：np' 为与 i 节点有关的单元个数。

h_i、h_j、h_k 的系数可写成如下形式：

$$A_{i,j}=\begin{cases}\displaystyle\sum_{\beta=1}^{np'}\frac{T_\beta}{4\Delta\beta}(b_ib_j+c_ic_j) & (i\neq j)\\[3mm]\displaystyle\sum_{\beta=1}^{np'}\frac{T_\beta}{4\Delta\beta}(b_i^2+c_i^2) & (i=j)\end{cases} \tag{1.133}$$

式（1.133）由几何量以及导水系数 T 确定，故称为导水矩阵。

可将式（1.133）第一项写成如下形式：

$$[A]_{m\times n}\cdot\{H\}_{n\times1}$$

2. 储水矩阵

首先介绍一下辛其维克方程（1977 年）：

$$\iint_{\Delta\beta}\varphi_i^a\varphi_j^b\varphi_k^c\,\mathrm{d}x\,\mathrm{d}y=\frac{a!\ b!\ c!}{(a+b+c+2)!}2\Delta\beta$$

式中：a，b，c 为正整数，表示幂次。

利用辛其维克方程，推导出下列公式的结果：

$$\iint_{\Delta\beta}\varphi_i\,\mathrm{d}x\,\mathrm{d}y = \iint_{\Delta\beta}\frac{a_i+b_i x+c_i y}{2\Delta\beta}\,\mathrm{d}x\,\mathrm{d}y = \frac{\Delta\beta}{3}$$

$$\iint_{\Delta\beta}\varphi_i\varphi_j\,\mathrm{d}x\,\mathrm{d}y = \frac{\Delta\beta}{6}\quad(i=j)$$

$$\iint_{\Delta\beta}\varphi_i\varphi_j\,\mathrm{d}x\,\mathrm{d}y = \frac{\Delta\beta}{12}\quad(i\neq j)$$

将 φ_i、φ_j 表达式代入方程式（1.131）中第二项，可以得到：

$$\sum_{\beta=1}^{np}\iint_{\Delta\beta}\sum_{j=1}^{n}\mu^*\varphi_i\varphi_j\,\mathrm{d}x\,\mathrm{d}y\,\frac{\mathrm{d}h_j(t)}{\mathrm{d}t}$$

$$= \sum_{\beta=1}^{np}\frac{\Delta\beta}{6}\mu^*\left(\frac{\mathrm{d}h_i}{\mathrm{d}t}+\frac{1}{2}\frac{\mathrm{d}h_j}{\mathrm{d}t}+\frac{1}{2}\frac{\mathrm{d}h_k}{\mathrm{d}t}\right)\qquad(1.134)$$

$\dfrac{\mathrm{d}h_j}{\mathrm{d}t}$ 的系数可以写成矩阵形式：

$$D_{i,j}=\begin{cases}\displaystyle\sum_{\beta=1}^{np'}\frac{\Delta\beta}{12}\mu^*&(i\neq j)\\[3mm]\displaystyle\sum_{\beta=1}^{np'}\frac{\Delta\beta}{6}\mu^*&(i=j)\end{cases}\qquad(1.135)$$

由于 $\dfrac{\mathrm{d}h_j}{\mathrm{d}t}$ 的系数均由几何量与储水系数构成，故称其为储水矩阵，式（1.131）的

第二项可以写成：$\left[\boldsymbol{D}\right]_{m\times n}\cdot\left\{\dfrac{\mathrm{d}h}{\mathrm{d}t}\right\}_{n\times 1}$

3. 水量矩阵

将 φ_i 的表达式代入式（1.131）右端第一项，利用公式 $\iint_{\Delta\beta}\varphi_i\,\mathrm{d}x\,\mathrm{d}y=\dfrac{\Delta\beta}{3}$，得

$$\sum_{\beta=1}^{np'}\iint_{\Delta\beta}w\varphi_i\,\mathrm{d}x\,\mathrm{d}y = \sum_{\beta=1}^{np'}\frac{\Delta\beta}{3}w$$

式中：w 为源汇项强度。

当人工开采井较多时，可处理成开采强度，合入 w 之中；当需要研究单独井的开采时，则按如下规则分配开采量：

$$\overline{Q}_i=\begin{cases}Q_i&(\text{井 }\alpha\text{ 在 }i\text{ 节点之上})\\[2mm]\displaystyle\sum_{\beta=1}^{np'}\sum_{\alpha=1}^{v}Q_\alpha\varphi_i(x_\alpha,y_\alpha)&(\text{井 }\alpha\text{ 在 }\beta\text{ 单元内})\\[2mm]\displaystyle\sum_{\beta=1}^{np'}\frac{\alpha_\beta}{2\pi}Q_i&(\text{井 }\alpha\text{ 在 }\Gamma_2\text{ 上})\end{cases}\qquad(1.136)$$

若开采井位于 $\Delta\beta$ 内，按面积坐标分配；若开采井位于 i 节点上，则其 Q 归 i 节点所有；若开采井位于边界点上，则按夹角大小分配。

对于方程右端第二项 $\displaystyle\int_{\Gamma_2}q\varphi_i\,\mathrm{d}x\,\mathrm{d}y$，根据 φ_i 在线元上的性质：

$$\int_{\Gamma_2} q\varphi_i \, \mathrm{d}x \, \mathrm{d}y = \frac{1}{2}(q_{i,i-1} l_{i,i-1} + q_{i,i+1} l_{i,i+1}) \qquad (1.137)$$

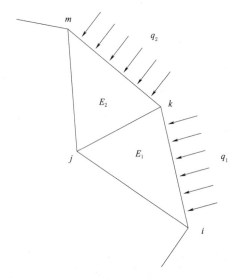

图 1.31　水量边界的处理

式（1.137）说明：第二类边界上的侧向补给量等于该节点两侧边界上所得总补给量的一半，即边界上所得的侧向补给量将平均分配到两个节点上（图 1.31）。

因此，式（1.131）的右端主要是源汇项，以常量为主，可用矩阵 $\{F\}_{m\times 1}$ 表示，称为水量矩阵。

综上，式（1.131）可以写成：

$$\sum_{j=1}^n A_{i,j} \cdot h_i + \sum_{j=1}^n D_{i,j} \frac{\mathrm{d}h_j}{\mathrm{d}t} = F_i$$

$$(1.138)$$

其中，$i=1,2,\cdots,m$（m 为未知节点个数）；$j=1,2,\cdots,n$（n 为节点总数）。

若将承压二维非稳定流数学模型中的初始条件写成离散形式，且（1.138）写成矩阵形式，则

$$\begin{cases} [\boldsymbol{A}]_{m\times n}\{\boldsymbol{H}\}_{n\times 1} + [\boldsymbol{D}]_{m\times n}\left\{\dfrac{\mathrm{d}H}{\mathrm{d}t}\right\}_{n\times 1} = \{\boldsymbol{F}\}_{m\times 1} \\ \{\boldsymbol{H}\}|_{t=0} = \{\boldsymbol{H}_0\}_{n\times 1} \end{cases} \qquad (1.139)$$

式（1.139）即为采用伽辽金有限单元方程将偏微分方程初边值问题变换成常微分方程的初值问题；式中，矩阵 $[\boldsymbol{A}]$、$[\boldsymbol{D}]$ 中各元素分别按照式（1.133）、式（1.135）确定。

由于 $[\boldsymbol{A}]$、$[\boldsymbol{D}]$ 完全由含水层的参数和单元几何量组成，所以只要给出单元剖分结果及参数，它们就被确定了。

1.3.3.4　将常微分方程初值问题变换为线性代数方程组

式（1.139）是承压二维非稳定流数学模型在空间上离散的结果，如再对该式从时间上进行离散，便可得到最终的有限单元方程，即线性代数方程组。

方法：有限差分法。

设：计算终止时间为 T，将 $0\sim T$ 划分为许多时段：$\Delta t_i(i=1,2,\cdots,n)$，$\Delta t_i$ 可以不等，在每一个时段内将水位、水量视为线性变化。

时段划分的多少取决于：①精度的要求；②源汇项的变化规律。

在任意时段 Δt 内，对式（1.139）积分，得

$$\int_t^{t+1} [\boldsymbol{A}]\{\boldsymbol{H}\} \mathrm{d}t + \int_t^{t+1} [\boldsymbol{D}]\left\{\frac{\mathrm{d}H}{\mathrm{d}t}\right\} = \int_t^{t+1} \{\boldsymbol{F}\} \mathrm{d}t$$

各量线性变化，积分可采用梯形法 $\int_{x_1}^{x_2} f(x)\mathrm{d}x = \dfrac{f(x_1)+f(x_2)}{2}(x_2-x_1)$ 计算：

$$\int_t^{t+1} [\boldsymbol{A}]\{\boldsymbol{H}\} = [\boldsymbol{A}] \frac{1}{2}\left[\{\boldsymbol{H}\}^{t+1} + \{\boldsymbol{H}\}^t\right]\Delta t$$

$$\int_t^{t+1} [\boldsymbol{D}]\left\{\frac{\mathrm{d}H}{\mathrm{d}t}\right\} = [\boldsymbol{D}] \cdot \left[\{\boldsymbol{H}\}^{t+1} - \{\boldsymbol{H}\}^t\right]$$

$$\int_t^{t+1} \{\boldsymbol{F}\}\mathrm{d}t = \{\boldsymbol{F}\}\Delta t$$

$$\frac{[\boldsymbol{A}]}{2}\Delta t\{\boldsymbol{H}\}^{t+1} + \frac{[\boldsymbol{A}]}{2}\Delta t\{\boldsymbol{H}\}^t + [\boldsymbol{D}]\{\boldsymbol{H}\}^{t+1} - [\boldsymbol{D}]\{\boldsymbol{H}\}^t = \{\boldsymbol{F}\}\Delta t$$

把未知项 $\{H\}$ 合并，将已知项移到方程的右边，得

$$\left\{\frac{[\boldsymbol{A}]}{2}\Delta t + [\boldsymbol{D}]\right\}\{\boldsymbol{H}\}^{t+1} = \left\{[\boldsymbol{D}]\{\boldsymbol{H}\}^t - \frac{[\boldsymbol{A}]}{2}\Delta t\{\boldsymbol{H}\}^t\right\} + \{\boldsymbol{F}\}\Delta t$$

方程两侧同除 Δt，取时段 $t=0$，$t+1=1$，则有

$$\left\{\frac{[\boldsymbol{A}]}{2} + \frac{[\boldsymbol{D}]}{\Delta t}\right\}\{\boldsymbol{H}\} = \{\boldsymbol{F}\} - \left\{\frac{[\boldsymbol{A}]}{2} - \frac{[\boldsymbol{D}]}{\Delta t}\right\} \cdot \{\boldsymbol{H}_0\} \tag{1.140}$$

式中：$\{\boldsymbol{H}\}$ 为未知水位矩阵；$\left\{\dfrac{[\boldsymbol{A}]}{2} + \dfrac{[\boldsymbol{D}]}{\Delta t}\right\}$ 为系数矩阵，记为 $\{\boldsymbol{B}\}$；$\{\boldsymbol{F}\}$ 为水量矩阵（包括补给量、越流量、蒸发量等）；$\{\boldsymbol{H}_0\}$ 为初始条件。

令 $\{\boldsymbol{C}\} = \{\boldsymbol{F}\} - \left\{\dfrac{[\boldsymbol{A}]}{2} - \dfrac{[\boldsymbol{D}]}{\Delta t}\right\} \cdot \{\boldsymbol{H}_0\}$，则式（1.140）进一步简化形式为

$$[\boldsymbol{B}]_{m \times n} \cdot \{\boldsymbol{H}\}_{n \times 1} = \{\boldsymbol{C}\}_{m \times 1} \tag{1.141}$$

式（1.140）或式（1.141）即为承压二维非稳定流数学模型（1.110）的有限单元方程组。

$$\begin{bmatrix} B_{11} & B_{12} & \cdots & B_{1m} & B_{1m+1} & \cdots & B_{1n} \\ B_{21} & B_{22} & \cdots & B_{2m} & B_{2m+1} & \cdots & B_{2n} \\ & & & & & & \vdots \\ \vdots & \vdots & \vdots & \vdots & \vdots & \ddots & \vdots \\ & & & & & & \vdots \\ B_{m1} & B_{m2} & \cdots & B_{mm} & B_{mm+1} & \cdots & B_{mn} \end{bmatrix} \cdot \begin{Bmatrix} H_1 \\ H_2 \\ \vdots \\ H_m \\ \vdots \\ H_n \end{Bmatrix} = \begin{Bmatrix} C_1 \\ C_2 \\ \vdots \\ C_m \end{Bmatrix} \tag{1.142}$$

其中，$H_{m+1} \sim H_n$ 是一类边界水位，为已知值，上述计算可采用分块矩阵计算方法：

$$[\boldsymbol{B}]_{m \times m} \cdot \{\boldsymbol{H}\}_{m \times 1} = \{\boldsymbol{C}\}_{m \times 1} - [\boldsymbol{B}]_{m \times (n-m)} \cdot \{H\}_{(n-m) \times 1} \tag{1.143}$$

若全为二类边界，则式（1.143）右侧第二项可以省略。

1.3.3.5 各种系数矩阵的形成

（1）首先计算各种几何量：a_i，a_j，a_k，b_i，b_j，b_k，c_i，c_j，c_k，$\Delta \beta$。

（2）给出各区参数值 μ^*、T。

（3）计算单元系数矩阵。

1）导水矩阵。由式（1.133）可知：

$$A_{i,j} = \begin{cases} \sum_{\beta=1}^{np'} \dfrac{T_\beta}{4\Delta\beta}(b_i b_j + c_i c_j) & (i \neq j) \\ \sum_{\beta=1}^{np'} \dfrac{T_\beta}{4\Delta\beta}(b_i^2 + c_i^2) & (i = j) \end{cases}$$

其中，下标 i，j 表示总系数矩阵中的行号和列号。

由于一个单元的 3 个顶点编号都有做行号和列号的可能（第一类边界点除外），因此，共有 9 种情况：

$$
[A]_\beta = \frac{T_\beta}{4\Delta\beta}\begin{pmatrix} b_i \\ b_j \\ b_k \end{pmatrix}(b_i \quad b_j \quad b_k) + \frac{T_\beta}{4\Delta\beta}\begin{pmatrix} c_i \\ c_j \\ c_k \end{pmatrix}(c_i \quad c_j \quad c_k)
$$

$$
= \frac{T_\beta}{4\Delta\beta}\begin{bmatrix} b_i^2+c_i^2 & b_i b_j+c_i c_j & b_i b_k+c_i c_k \\ b_j b_i+c_j c_i & b_j^2+c_j^2 & b_j b_k+c_j c_k \\ b_k b_i+c_k c_i & b_k b_j+c_k c_j & b_k^2+c_k^2 \end{bmatrix} \tag{1.144}
$$

其中，$[A]_\beta$ 称为单元导水矩阵，为对称矩阵。

2）单元储水矩阵。由式（1.135）可知：

$$D_{i,j} = \begin{cases} \sum_{\beta=1}^{np'} \dfrac{\Delta\beta}{12}\mu^* & (i \neq j) \\ \sum_{\beta=1}^{np'} \dfrac{\Delta\beta}{6}\mu^* & (i = j) \end{cases}$$

$$= \sum_{\beta=1}^{np'} \frac{\Delta\beta}{3}\mu^* \begin{cases} \dfrac{1}{4} & (i \neq j) \\ \dfrac{1}{2} & (i = j) \end{cases}$$

$$[D]_\beta = \frac{\Delta\beta\mu^*}{3}\begin{bmatrix} \dfrac{1}{2} & \dfrac{1}{4} & \dfrac{1}{4} \\ \dfrac{1}{4} & \dfrac{1}{2} & \dfrac{1}{4} \\ \dfrac{1}{4} & \dfrac{1}{4} & \dfrac{1}{2} \end{bmatrix} \tag{1.145}$$

其中，$[D]_\beta$ 称单元储水矩阵，为对称矩阵。

3）形成总系数矩阵：

$$[B] = \frac{[A]}{2} + \frac{[D]}{\Delta t} \tag{1.146}$$

$$\{C\} = \{F\} - \left[\frac{[A]}{2} - \frac{[D]}{\Delta t}\right]\{H_0\} \tag{1.147}$$

在形成总系数矩阵时，不需要将所有单元的 $[A]_\beta$ 和 $[D]_\beta$ 都形成后，再按行、列号叠加到总系数矩阵，而是计算一个单元后，就将其各元素按下标所指示的行、列号叠加到总系数矩阵 $[B]$ 和 $[C]$ 的相应位置上，依次计算第 2，3，…，$(n-1)$ 个单元的 $[A]_\beta$ 和 $[D]_\beta$，按行列号依次叠加。当所有单元的系数矩阵依次计算完后，方程的总系数矩阵也就形成了（图1.32）。

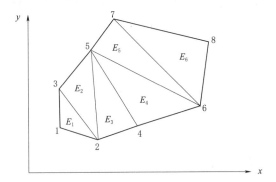

单元编号	节点编号		
	i	j	k
E_1	1	2	3
E_2	2	5	3
E_3	2	4	5
E_4	4	6	5
E_5	5	6	7
E_6	6	8	7

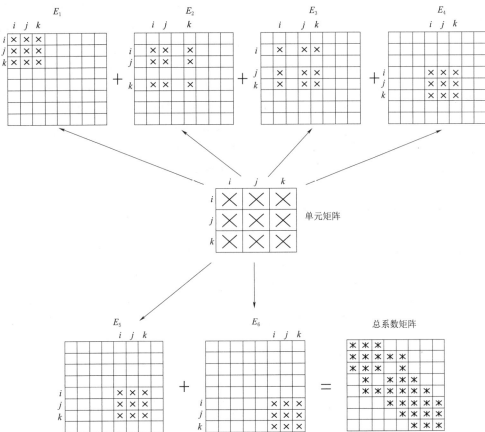

图1.32　总系数矩阵的形成过程示意图

总系数矩阵具有如下特点：

a. 是对称方阵；

b. 矩阵阶数等于内节点个数与第二类边界点个数之和；

c. 可以证明，矩阵是正定矩阵；

d. 稀疏矩阵（非零元素集中在主对角线两侧）；

e. 对于 i 行，只有与 i 结点有关联的节点号所指示的列上的元素不为零。

上述计算过程适合计算机程序实现，如果对于手工计算，可以用式（1.148）计算总系数矩阵 $[B]$ 中任一元素 B_{ij} 为

$$B_{i,j} = \sum_{\beta=1}^{np'} \left[\frac{T}{8\Delta\beta}(b_ib_j+c_ic_j) \right] + \frac{\mu^*\Delta\beta}{3\Delta t} \begin{cases} \dfrac{1}{2} & (i=j) \\ \dfrac{1}{4} & (i\neq j) \end{cases} \tag{1.148}$$

式（1.148）说明：总系数矩阵中任一元素 B_{ij} 等于单元系数矩阵中其下标与 ij 相同的元素之和，式中 np' 是以 i 为公共顶点的单元个数。

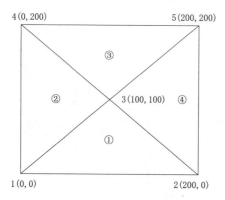

图 1.33　研究区剖分图

【例题 1.5】　采用伽辽金有限单元法进行地下水流数学模拟求解过程中，对研究区域剖分情况如图 1.33 所示。研究区为一承压含水层，区内各单元所对应的结点编号以及水文地质参数见表 1.8。含水层为承压含水层，研究区降水量为 730mm/a，边界均为二类边界，补给量为 $0.1\text{m}^3/(\text{d}\cdot\text{m})$；在结点 3 上有一口开采井，抽水量为 $100\text{m}^3/\text{d}$，初始水位 $H_1=H_2=H_3=H_4=H_5=100\text{m}$，试写出非稳定流条件下地下水运动的有限单元方程。

表 1.8　单元几何结点与参数

单元编号	i	j	k	α	$K/(\text{m/d})$	μ^*	M/m
①	1	2	3	0.1	10	0.0001	20
②	1	3	4	0.2	20	0.0002	20
③	3	5	4	0.3	20	0.0003	40
④	2	5	3	0.4	40	0.0004	30

解：

（1）列表计算所有单元的几何量。

$$b_i=y_j-y_k; b_j=y_k-y_i; b_k=y_i-y_j$$
$$c_i=x_k-x_j; c_j=x_i-x_k; c_k=x_j-x_i$$

计算结果见表 1.9。

表 1.9　计　算　结　果

单元编号	b_i	b_j	b_k	c_i	c_j	c_k	$\Delta\beta$	T_β
①	-100	100	0	-100	-100	200	10000	200
②	-100	200	-100	-100	0	100	10000	400
③	0	100	-100	-200	100	100	10000	800
④	100	100	-200	-100	100	0	10000	1200

（2）计算导水矩阵 $\boldsymbol{A}$。

$$\boldsymbol{A} = \begin{bmatrix} A_{11} & A_{12} & A_{13} & A_{14} & A_{15} \\ A_{21} & A_{22} & A_{23} & A_{24} & A_{25} \\ A_{31} & A_{32} & A_{33} & A_{34} & A_{35} \\ A_{41} & A_{42} & A_{43} & A_{44} & A_{45} \\ A_{51} & A_{52} & A_{53} & A_{54} & A_{55} \end{bmatrix}, 式中, A_{15} = A_{24} = A_{51} = A_{42} = 0$$

$$A_{ij} = \sum_{\beta=1}^{np'} \frac{T_\beta}{4\Delta\beta}(b_i b_j + c_i c_j)$$

$$A_{11} = \frac{200}{4\times10000}\times[(-100)^2+(-100)^2] + \frac{400}{4\times10000}[(-100)^2+(-100)^2] = 300$$

$$A_{12} = A_{21} = \frac{200}{4\times10000}\times[(-100)\times100+(-100)\times(-100)] = 0$$

$$A_{13} = A_{31} = \frac{200}{4\times10000}\times[(-100)\times0+(-100)\times200]$$

$$+ \frac{400}{4\times10000}\times[(-100)\times200+(-100)\times0] = -300$$

$$A_{14} = A_{41} = \frac{400}{4\times10000}\times[(-100)\times(-100)+(-100)\times100] = 0$$

$$A_{15} = A_{51} = 0$$

$$A_{22} = \frac{200}{4\times10000}\times[100^2+(-100)^2] + \frac{1200}{4\times10000}\times[100^2+(-100)^2] = 700$$

$$A_{23} = A_{32} = \frac{200}{4\times10000}\times[0+(-100)\times200] + \frac{1200}{4\times10000}\times[100\times(-200)+0] = -700$$

$$A_{24} = A_{42} = 0$$

$$A_{25} = A_{52} = \frac{1200}{4\times10000}\times[100^2+(-100)\times100] = 0$$

$$A_{33} = \frac{200}{40000}\times(0+200^2) + \frac{400}{4\times10000}\times(200^2+0) + \frac{800}{40000}\times(-200)^2 + \frac{1200}{40000}\times(-200)^2$$

$$= 2600$$

$$A_{34} = A_{43} = \frac{400}{4\times10000}\times[200\times(-100)+0] + \frac{800}{40000}\times[100\times(-200)+0] = -600$$

$$A_{35} = A_{53} = \frac{800}{4\times10000}\times[0+100\times(-200)] + \frac{1200}{40000}\times[100\times(-200)+0] = -1000$$

$$A_{44} = \frac{400}{4\times10000}\times[(-100)^2+100^2] + \frac{800}{4\times10000}\times[(-100)^2+100^2] = 600$$

$$A_{45} = A_{54} = \frac{800}{4\times10000}\times[(-100)\times100+100^2] = 0$$

$$A_{55} = \frac{800}{4\times10000}\times(100^2+100^2) + \frac{1200}{4\times10000}\times(100^2+100^2) = 1000$$

或

$$\boldsymbol{A}_1 = \begin{bmatrix} 100 & 0 & -100 \\ 0 & 100 & -100 \\ -100 & -100 & 200 \end{bmatrix}; \quad \boldsymbol{A}_2 = \begin{bmatrix} 200 & -200 & 0 \\ -200 & 400 & -200 \\ 0 & -200 & 200 \end{bmatrix}$$

$$\boldsymbol{A}_3 = \begin{bmatrix} 800 & -400 & -400 \\ -400 & 400 & 0 \\ -400 & 0 & 400 \end{bmatrix}; \quad \boldsymbol{A}_4 = \begin{bmatrix} 600 & 0 & -600 \\ 0 & 600 & -600 \\ -600 & -600 & 1200 \end{bmatrix}$$

$$\boldsymbol{A} = \begin{bmatrix} 300 & 0 & -300 & 0 & 0 \\ 0 & 700 & -700 & 0 & 0 \\ -300 & -700 & 2600 & -600 & -1000 \\ 0 & 0 & -600 & 600 & 0 \\ 0 & 0 & -1000 & 0 & 1000 \end{bmatrix}$$

（3）计算储水矩阵 $\boldsymbol{D}$。

$$\boldsymbol{D}_\beta = \frac{\Delta\beta\mu^*}{3} \begin{bmatrix} 1/2 & 1/4 & 1/4 \\ 1/4 & 1/2 & 1/4 \\ 1/4 & 1/4 & 1/2 \end{bmatrix}$$

$$\boldsymbol{D}_1 = \begin{bmatrix} d_{11} & d_{12} & d_{13} \\ d_{21} & d_{22} & d_{23} \\ d_{31} & d_{32} & d_{33} \end{bmatrix} = \frac{10000 \times 0.0001}{3} \begin{bmatrix} 1/2 & 1/4 & 1/4 \\ 1/4 & 1/2 & 1/4 \\ 1/4 & 1/4 & 1/2 \end{bmatrix} = \begin{bmatrix} \frac{1}{6} & \frac{1}{12} & \frac{1}{12} \\ \frac{1}{12} & \frac{1}{6} & \frac{1}{12} \\ \frac{1}{12} & \frac{1}{12} & \frac{1}{6} \end{bmatrix}$$

$$\boldsymbol{D}_2 = \begin{bmatrix} d_{11} & d_{13} & d_{14} \\ d_{31} & d_{33} & d_{34} \\ d_{41} & d_{43} & d_{44} \end{bmatrix} = \frac{10000 \times 0.0002}{3} \begin{bmatrix} 1/2 & 1/4 & 1/4 \\ 1/4 & 1/2 & 1/4 \\ 1/4 & 1/4 & 1/2 \end{bmatrix} = \begin{bmatrix} \frac{1}{3} & \frac{1}{6} & \frac{1}{6} \\ \frac{1}{6} & \frac{1}{3} & \frac{1}{6} \\ \frac{1}{6} & \frac{1}{6} & \frac{1}{3} \end{bmatrix}$$

$$\boldsymbol{D}_3 = \begin{bmatrix} d_{33} & d_{35} & d_{34} \\ d_{53} & d_{55} & d_{54} \\ d_{43} & d_{45} & d_{44} \end{bmatrix} = \frac{10000 \times 0.0003}{3} \begin{bmatrix} 1/2 & 1/4 & 1/4 \\ 1/4 & 1/2 & 1/4 \\ 1/4 & 1/4 & 1/2 \end{bmatrix} = \begin{bmatrix} \frac{1}{2} & \frac{1}{4} & \frac{1}{4} \\ \frac{1}{4} & \frac{1}{2} & \frac{1}{4} \\ \frac{1}{4} & \frac{1}{4} & \frac{1}{2} \end{bmatrix}$$

$$\boldsymbol{D}_4 = \begin{bmatrix} d_{22} & d_{25} & d_{23} \\ d_{52} & d_{55} & d_{53} \\ d_{32} & d_{35} & d_{33} \end{bmatrix} = \frac{10000 \times 0.0004}{3} \begin{bmatrix} 1/2 & 1/4 & 1/4 \\ 1/4 & 1/2 & 1/4 \\ 1/4 & 1/4 & 1/2 \end{bmatrix} = \begin{bmatrix} \frac{2}{3} & \frac{1}{3} & \frac{1}{3} \\ \frac{1}{3} & \frac{2}{3} & \frac{1}{3} \\ \frac{1}{3} & \frac{1}{3} & \frac{2}{3} \end{bmatrix}$$

$$\boldsymbol{D} = \begin{bmatrix} d_{11}^{1+2} & d_{12}^{1} & d_{13}^{1+2} & d_{14}^{2} & 0 \\ d_{21}^{1} & d_{22}^{1+4} & d_{23}^{1+4} & 0 & d_{25}^{4} \\ d_{31}^{1+2} & d_{32}^{1+4} & d_{33}^{1+2+3+4} & d_{34}^{2+3} & d_{35}^{3+4} \\ d_{41}^{2} & 0 & d_{43}^{2+3} & d_{44}^{2+3} & d_{45}^{3} \\ 0 & d_{52}^{4} & d_{53}^{3+4} & d_{54}^{3} & d_{55}^{3+4} \end{bmatrix}$$

$$= \begin{bmatrix} \dfrac{1}{6}+\dfrac{1}{3} & \dfrac{1}{12} & \dfrac{1}{12}+\dfrac{1}{6} & \dfrac{1}{6} & 0 \\ \dfrac{1}{12} & \dfrac{1}{6}+\dfrac{2}{3} & \dfrac{1}{12}+\dfrac{1}{3} & 0 & \dfrac{1}{3} \\ \dfrac{1}{12}+\dfrac{1}{6} & \dfrac{1}{12}+\dfrac{1}{3} & \dfrac{1}{6}+\dfrac{1}{3}+\dfrac{1}{2}+\dfrac{2}{3} & \dfrac{1}{6}+\dfrac{1}{4} & \dfrac{1}{4}+\dfrac{1}{3} \\ \dfrac{1}{6} & 0 & \dfrac{1}{4}+\dfrac{1}{6} & \dfrac{1}{3}+\dfrac{1}{2} & \dfrac{1}{4} \\ 0 & \dfrac{1}{3} & \dfrac{1}{4}+\dfrac{1}{3} & \dfrac{1}{4} & \dfrac{1}{2}+\dfrac{2}{3} \end{bmatrix}$$

$$= \begin{bmatrix} 0.5 & 0.083 & 0.25 & 0.167 & 0 \\ 0.083 & 0.833 & 0.417 & 0 & 0.333 \\ 0.25 & 0.417 & 1.667 & 0.417 & 0.583 \\ 0.167 & 0 & 0.417 & 0.833 & 0.25 \\ 0 & 0.333 & 0.583 & 0.25 & 1.167 \end{bmatrix}$$

（4）计算总系数矩阵 $[\boldsymbol{B}]$。

$$[\boldsymbol{B}] = \frac{[\boldsymbol{A}]}{2} + \frac{[\boldsymbol{D}]}{\Delta t}$$

$$\Delta t = 1\text{d}$$

$$[\boldsymbol{B}] = \frac{1}{2}\begin{bmatrix} 300 & 0 & -300 & 0 & 0 \\ 0 & 700 & -700 & 0 & 0 \\ -300 & -700 & 2600 & -600 & -1000 \\ 0 & 0 & -600 & 600 & 0 \\ 0 & 0 & -1000 & 0 & 1000 \end{bmatrix}$$

$$+ \begin{bmatrix} 0.5 & 0.083 & 0.25 & 0.167 & 0 \\ 0.083 & 0.833 & 0.417 & 0 & 0.333 \\ 0.25 & 0.417 & 1.667 & 0.417 & 0.583 \\ 0.167 & 0 & 0.417 & 0.833 & 0.25 \\ 0 & 0.333 & 0.583 & 0.25 & 1.167 \end{bmatrix}$$

$$= \begin{bmatrix} 150.5 & 0.083 & -149.75 & 0.167 & 0 \\ 0.083 & 350.833 & -349.583 & 0 & 0.333 \\ -149.75 & -349.583 & 1301.667 & -299.583 & -499.417 \\ 0.167 & 0 & -299.583 & 300.833 & 0.25 \\ 0 & 0.333 & -499.417 & 0.25 & 501.167 \end{bmatrix}$$

（5）计算水量矩阵 **F**，见表 1.10。

表 1.10 计 算 水 量 矩 阵

单元编号	降水量/(mm/a)	单元面积/m²	入渗系数（α）	大气降水入渗量/(m³/d)
①	730	10000	0.1	2
②	730	10000	0.2	4
③	730	10000	0.3	6
④	730	10000	0.4	8

1）降水入渗量分配：

1 号节点的降水入渗量 $=2/3+4/3=2(\mathrm{m^3/d})$；

2 号节点的降水入渗量 $=2/3+8/3=3.3(\mathrm{m^3/d})$；

3 号节点的降水入渗量 $=(2+4+6+8)/3=6.6(\mathrm{m^3/d})$；

4 号节点的降水入渗量 $=4/3+6/3=3.3(\mathrm{m^3/d})$；

5 号节点的降水入渗量 $=6/3+8/3=4.7(\mathrm{m^3/d})$。

2）边界流量分配：

1，2，4，5 号节点的边界补给量 $=0.1\mathrm{m^3/(d\cdot m)}\times(100+100)\mathrm{m}=20\mathrm{m^3/d}$；

3 号节点的边界补给量为 0。

3）开采量分配：

3 号节点的开采量为 $-100\mathrm{m^3/d}$。

4）水量矩阵计算：

$$\boldsymbol{F}=\begin{bmatrix} 2+20 \\ 3.3+20 \\ 6.6+0-100 \\ 3.3+20 \\ 4.7+20 \end{bmatrix}=\begin{bmatrix} 22 \\ 23.3 \\ -93.4 \\ 23.3 \\ 24.7 \end{bmatrix}$$

（6）列出常量矩阵。

$$\{\boldsymbol{C}\}=\{\boldsymbol{F}\}-\left[\frac{[\boldsymbol{A}]}{2}-\frac{[\boldsymbol{D}]}{\Delta t}\right]\{H_0\}$$

$$\left[\frac{[\boldsymbol{A}]}{2}-\frac{[\boldsymbol{D}]}{\Delta t}\right]=\frac{1}{2}\begin{bmatrix} 300 & 0 & -300 & 0 & 0 \\ 0 & 700 & -700 & 0 & 0 \\ -300 & -700 & 2600 & -600 & -1000 \\ 0 & 0 & -600 & 600 & 0 \\ 0 & 0 & -1000 & 0 & 1000 \end{bmatrix}$$

$$-\begin{bmatrix} 0.5 & 0.083 & 0.25 & 0.167 & 0 \\ 0.083 & 0.833 & 0.417 & 0 & 0.333 \\ 0.25 & 0.417 & 1.667 & 0.417 & 0.583 \\ 0.167 & 0 & 0.417 & 0.833 & 0.25 \\ 0 & 0.333 & 0.583 & 0.25 & 1.167 \end{bmatrix}$$

$$= \begin{bmatrix} 149.5 & -0.083 & -150.25 & -0.167 & 0 \\ -0.083 & 349.167 & -350.417 & 0 & -0.333 \\ -150.25 & -350.417 & 1298.333 & -300.417 & -500.583 \\ -0.167 & 0 & -300.417 & 299.167 & -0.25 \\ 0 & -0.333 & -500.583 & -0.25 & 498.833 \end{bmatrix}$$

$$\left[\frac{[A]}{2} - \frac{[D]}{\Delta t} \right] \{H_0\}$$

$$= \begin{bmatrix} 149.5 & -0.083 & -150.25 & -0.167 & 0 \\ -0.083 & 349.167 & -350.417 & 0 & -0.333 \\ -150.25 & -350.417 & 1298.333 & -300.417 & -500.583 \\ -0.167 & 0 & -300.417 & 299.167 & -0.25 \\ 0 & -0.333 & -500.583 & -0.25 & 498.833 \end{bmatrix} \begin{Bmatrix} 100 \\ 100 \\ 100 \\ 100 \\ 100 \end{Bmatrix}$$

$$= \begin{bmatrix} -100 \\ -166.7 \\ -333.4 \\ -166.7 \\ -233.3 \end{bmatrix}$$

$$\{C\} = \{F\} - \left[\frac{[A]}{2} - \frac{[D]}{\Delta t} \right] \{H_0\}$$

$$\{C\} = \begin{bmatrix} 22 \\ 23.3 \\ -93.4 \\ 23.3 \\ 24.7 \end{bmatrix} - \begin{bmatrix} -100 \\ -166.7 \\ -333.4 \\ -166.7 \\ -233.3 \end{bmatrix} = \begin{bmatrix} 122 \\ 180 \\ 240 \\ 190 \\ 258 \end{bmatrix}$$

（7）列出有限单元方程。

$$[B]_{m \times n} \{H\}_{n \times 1} = \{C\}_{m \times 1}$$

$$\begin{bmatrix} 150.5 & 0.083 & -149.75 & 0.167 & 0 \\ 0.083 & 350.833 & -349.583 & 0 & 0.333 \\ -149.75 & -349.583 & 1301.833 & -299.583 & -499.417 \\ 0.167 & 0 & -299.583 & 300.833 & 0.25 \\ 0 & 0.333 & -499.417 & 0.25 & 501.167 \end{bmatrix} \begin{Bmatrix} H_1 \\ H_2 \\ H_3 \\ H_4 \\ H_5 \end{Bmatrix} = \begin{bmatrix} 122 \\ 180 \\ 240 \\ 190 \\ 258 \end{bmatrix}$$

1.3.3.6 方程的解法

虽然有限单元方程组有 m 个未知量，但就每一个方程而言，绝大多数未知量的系数都是零，系数矩阵 $[B]$ 是高度稀疏的。可以用迭代法或直接求解法求解线性代数方程组。在选择解法时，可参考如下原则[12]：①当节点较少（一般少于 300 个节点）时，可以使用直接求解法。当节点较多时应使用迭代求解法。②在各种迭代解法中，逐次超松弛迭代法（SOR）最为简单快速。通常可取松弛因子 $\omega = 1 \sim 1.2$；若不收敛时，可把 ω 减少到 1 以下。

【例题 1.6】 利用雅可比迭代法计算【例题 1.5】有限单元方程：

根据有限单元矩阵，写出有限单元方程：

$$\begin{cases} 150.5H_1 + 0.083H_2 - 149.75H_3 + 0.167H_4 = 122 \\ 0.083H_1 + 350.833H_2 - 349.583H_3 + 0.333H_5 = 180 \\ -149.75H_1 - 349.583H_2 + 1301.833H_3 - 299.583H_4 - 499.417H_5 = 240 \\ 0.167H_1 - 299.583H_3 + 300.833H_4 + 0.25H_5 = 190 \\ 0.333H_2 - 499.417H_3 + 0.25H_4 + 501.167H_5 = 258 \end{cases}$$

根据有限单元方程，进一步写出各点水位计算的迭代格式：

$$\begin{cases} H_1^1 = -0.00055H_2 + 0.995017H_3 - 0.00111H_4 + 0.810631 \\ H_2^1 = -0.00024H_1 + 0.996437H_3 - 0.000949H_5 + 0.513065 \\ H_3^1 = 0.11503H_1 + 0.268531H_2 + 0.230124H_4 + 0.383626H_5 + 0.184355 \\ H_4^1 = -0.00056H_1 + 0.995845H_3 - 0.000831H_5 + 0.63158 \\ H_5^1 = -0.00066H_2 + 0.996508H_3 - 0.000499H_4 + 0.514798 \end{cases}$$

采用雅可比迭代法，将初始水位代入上述迭代格式，求得 1 天后的地下水位为：
$H_1 = 97.484\text{m}$；$H_2 = 97.371\text{m}$；$H_3 = 97.320\text{m}$；$H_4 = 97.412\text{m}$；$H_5 = 97.382\text{m}$。

将上述水位作为下一时段的初始水位，代入常量矩阵的计算：

$$\left[\frac{[A]}{2} - \frac{[D]}{\Delta t} \right] \{H_0\}$$

$$= \begin{bmatrix} 149.5 & -0.083 & -150.25 & -0.167 & 0 \\ -0.083 & 349.167 & -350.417 & 0 & -0.333 \\ -150.25 & -350.417 & 1298.333 & -300.417 & -500.583 \\ -0.167 & 0 & -300.417 & 299.167 & -0.25 \\ 0 & -0.333 & -500.583 & -0.25 & 498.833 \end{bmatrix} \begin{Bmatrix} 97.484 \\ 97.371 \\ 97.320 \\ 97.412 \\ 97.382 \end{Bmatrix}$$

$$= \begin{bmatrix} -72.8216 \\ -144.3619 \\ -425.6517 \\ -134.7520 \\ -196.1599 \end{bmatrix}$$

$$\{C\} = \{F\} - \left[\frac{[A]}{2} - \frac{[D]}{\Delta t} \right] \{H_0\}$$

$$\{C\} = \begin{bmatrix} 22 \\ 23.3 \\ -93.4 \\ 23.3 \\ 24.7 \end{bmatrix} - \begin{bmatrix} -72.8216 \\ -144.3619 \\ -425.6517 \\ -134.7520 \\ -196.1599 \end{bmatrix} = \begin{bmatrix} 94.8216 \\ 167.6619 \\ 332.2517 \\ 158.052 \\ 220.8599 \end{bmatrix}$$

$$[\boldsymbol{B}]_{m \times n} \cdot \{\boldsymbol{H}\}_{n \times 1} = \{\boldsymbol{C}\}_{m \times 1}$$

$$\begin{bmatrix} 150.5 & 0.083 & -149.75 & 0.167 & 0 \\ 0.083 & 350.833 & -349.583 & 0 & 0.333 \\ -149.75 & -349.583 & 1301.833 & -299.583 & -499.417 \\ 0.167 & 0 & -299.583 & 300.833 & 0.25 \\ 0 & 0.333 & -499.417 & 0.25 & 501.167 \end{bmatrix} \begin{Bmatrix} H_1 \\ H_2 \\ H_3 \\ H_4 \\ H_5 \end{Bmatrix}$$

$$= \begin{bmatrix} 94.8216 \\ 167.6619 \\ 332.2517 \\ 158.052 \\ 220.8599 \end{bmatrix}$$

建立迭代格式：

$$\begin{cases} H_1 = -0.00055H_2 + 0.995017H_3 - 0.00111H_4 + 0.630044 \\ H_2 = -0.00024H_1 + 0.996437H_3 - 0.000949H_5 + 0.477897 \\ H_3 = 0.11503H_1 + 0.268531H_2 + 0.230124H_4 + 0.383626H_5 + 0.255218 \\ H_4 = -0.00056H_1 + 0.995845H_3 - 0.000831H_5 + 0.525381 \\ H_5 = -0.00066H_2 + 0.996508H_3 - 0.000499H_4 + 0.440691 \end{cases}$$

采用雅可比迭代法，计算求得第 2 天后的地下水位为

$H_1 = 95.7595\text{m}; H_2 = 95.7884\text{m}; H_3 = 95.7655\text{m}; H_4 = 95.7599\text{m}; H_5 = 95.7609\text{m}$

依此类推，可以计算得到未来任意时刻各点的地下水位。

1.3.4 潜水二维非稳定流伽辽金有限单元方程

1.3.4.1 数学模型

$$\begin{cases} \dfrac{\partial}{\partial x}\left[K(H-B)\dfrac{\partial H}{\partial x}\right] + \dfrac{\partial}{\partial y}\left[K(H-B)\dfrac{\partial H}{\partial y}\right] + W = \mu\dfrac{\partial H}{\partial t} & (x,y) \in D, \ t \geqslant 0 \\ H(x,y,0) = H_0(x,y) & (x,y) \in D \\ H(x,y,t)|_{\Gamma_1} = H_1(x,y,t) & (x,y) \in \Gamma_1, \ t \geqslant 0 \\ K(H-B)\dfrac{\partial H}{\partial \boldsymbol{n}}\bigg|_{\Gamma_2} = q(x,y,t) & (x,y) \in \Gamma_2, \ t \geqslant 0 \end{cases}$$

$$(1.149)$$

1.3.4.2 有限单元方程构建

在剖分区域 D 的基础上，假设数学模型式（1.149）的近似解为

$$H^*(x,y,t) = \sum_{j=1}^{n} H_j(t)\varphi_j(x,y) \qquad (1.150)$$

含水层底板标高也近似表示为

$$B^*(x,y) = \sum_{j=1}^{n} B_j\varphi_j(x,y) \qquad (1.151)$$

按伽辽金有限单元方程：

$$\iint_D L(H^*)\varphi_i \mathrm{d}x\mathrm{d}y = \sum_{\beta=1}^{np}\iint_{\Delta\beta} L\Big(\sum_{j=1}^{n} H_j\varphi_j\Big)\varphi_i \mathrm{d}x\mathrm{d}y$$

用求解承压含水层的相同步骤，将式（1.150）的边值问题写成：

$$\iint_D K(H^*-B^*)\Big(\frac{\partial H^*}{\partial x}\frac{\partial\varphi_i}{\partial x}+\frac{\partial H^*}{\partial y}\frac{\partial\varphi_i}{\partial y}\Big)\mathrm{d}x\mathrm{d}y+\iint_D \mu\frac{\partial H^*}{\partial t}\varphi_i \mathrm{d}x\mathrm{d}y$$

$$=\iint_D w\varphi_i \mathrm{d}x\mathrm{d}y+\int_{\Gamma_2} q\varphi_i \mathrm{d}l \tag{1.152}$$

其中，$i=1,2,3,\cdots,m$（未知节点个数）。

将式（1.150）、式（1.151）代入式（1.152）中，并应用 $D=\sum_{\beta=1}^{np}\Delta\beta$，得

$$\sum_{\beta=1}^{np}\iint_{\Delta\beta}\sum_{j=1}^{n} K\varphi_j\Delta H_j\Big(\frac{\partial\varphi_i}{\partial x}\frac{\partial\varphi_j}{\partial x}+\frac{\partial\varphi_i}{\partial y}\frac{\partial\varphi_j}{\partial y}\Big)\mathrm{d}x\mathrm{d}y H_j(t)$$

$$+\sum_{\beta=1}^{np}\iint_{\Delta\beta}\sum_{j=1}^{n}\mu\varphi_i\varphi_j \mathrm{d}x\mathrm{d}y\frac{\mathrm{d}H_j}{\mathrm{d}t}=\sum_{\beta=1}^{np}\iint_{\Delta\beta} w\varphi_i \mathrm{d}x\mathrm{d}y+\int_{\Gamma_2} q\varphi_i \mathrm{d}l \tag{1.153}$$

其中，$\Delta H_j=H_j-B_j (j=1,2,3,\cdots,n)$。

将式（1.153）与式（1.131）对比表明：二个公式的主要区别是在左端的第一项，其他积分项的表达形式基本一样。

下面着重计算式（1.153）左端第一项积分：

设 $A_{i,j}=\sum_{\beta=1}^{np}\iint_{\Delta\beta} K_\beta\Big(\sum_{l=1}^{n}\varphi_l\Delta H_l\Big)\Big(\frac{\partial\varphi_i}{\partial x}\frac{\partial\varphi_j}{\partial x}+\frac{\partial\varphi_i}{\partial y}\frac{\partial\varphi_j}{\partial y}\Big)\mathrm{d}x\mathrm{d}y$

由式 $\varphi_i(x,y)=\dfrac{1}{2\Delta\beta}(a_i+b_ix+c_iy)$ 可知，

$$A_{ij}=\sum_{\beta=1}^{np}\iint_{\Delta\beta} K_\beta\Big(\sum_{l=1}^{n}\varphi_l\Delta H_l\Big)\Big(\frac{b_ib_j+c_ic_j}{4\Delta\beta}\Big)\mathrm{d}x\mathrm{d}y$$

$$=\sum_{\beta=1}^{np} K_\beta\Big(\frac{b_ib_j+c_ic_j}{4\Delta\beta}\Big)\iint_{\Delta\beta}\sum_{l=1}^{n}\varphi_l\Delta H_l \mathrm{d}x\mathrm{d}y \tag{1.154}$$

根据基函数性质，上式中的积分项可以写成：

$$\iint_{\Delta\beta}\sum_{l=1}^{n}\varphi_l\Delta H_l \mathrm{d}x\mathrm{d}y=\sum_{l=i,j,k}\frac{\Delta\beta}{3}\Delta H_l$$

代入式（1.154），得

$$A_{i,j}=\sum_{\beta=1}^{np} K_\beta\Big[\frac{b_ib_j+c_ic_j}{4(\Delta\beta)^2}\Big]\sum_{l=i,j,k}\frac{\Delta H_l}{3}=\sum_{\beta=1}^{np}\frac{K_\beta m_\beta}{4(\Delta\beta)^2}(b_ib_j+c_ic_j) \tag{1.155}$$

其中，$m_\beta=\sum_{l=i,j,k}\dfrac{\Delta H_l}{3}=\dfrac{1}{3}\big[(H_i-B_i)+(H_j-B_j)+(H_k-B_k)\big]$，该变量表明，一个三角单元含水层厚度是三角形顶点厚度的算术平均值，因此 A_{ij} 中含有未知水头变量。

式（1.155）其余积分项可以参照承压水公式写出来，此时，便可写出常微分方程的初值问题：

$$\begin{cases} \sum_{j=1}^{n} A_{ij} H_j + \sum_{j=1}^{n} D_{ij} \dfrac{\mathrm{d}H_j}{\mathrm{d}t} = F_i \\ H_j \mid_{t=0} = H_j^0 \end{cases} \tag{1.156}$$

其中，$i=1,2,3,\cdots,m$；$j=1,2,3,\cdots,n$

由于 A_{ij} 中含有未知水位，因此是一个非线性方程组，将式（1.156）写成矩阵形式，为

$$\begin{cases} [\boldsymbol{A}]_{m \times n} \{\boldsymbol{H}\}_{n \times 1} + [\boldsymbol{D}]_{m \times n} \left\{ \dfrac{\mathrm{d}H}{\mathrm{d}t} \right\}_{n \times 1} = \{\boldsymbol{F}\}_{m \times 1} \\ \{\boldsymbol{H}\}_{n \times 1} = \{\boldsymbol{H}_0\} \end{cases} \tag{1.157}$$

式（1.157）与式（1.139）相同，可采用与承压水相同的差商近似，将之转化为线性代数方程组。

$$\left\{ \frac{[\boldsymbol{A}]}{2} + \frac{[\boldsymbol{D}]}{\Delta t} \right\} \{\boldsymbol{H}\} = \{\boldsymbol{F}\} - \left\{ \frac{[\boldsymbol{A}]}{2} - \frac{[\boldsymbol{D}]}{\Delta t} \right\} \{\boldsymbol{H}_0\}$$

简写成：

$$[\boldsymbol{B}]_{m \times n} \{\boldsymbol{H}\}_{n \times 1} = \{\boldsymbol{C}\}_{m \times 1}$$

第 2 章课件

第 2 章资料包

第 2 章

地下水溶质运移数值模拟

2.1 地下水溶质运移理论基础

2.1.1 含水介质中溶质运移机理

溶质是指以离子、分子或固体颗粒等形式存在于水中并可随水流运动的物质。按照溶质的化学稳定性，可分为保守性溶质和反应性溶质。前者在含水介质迁移过程中化学性质稳定，溶质含量的时空变化主要受控于对流作用和弥散作用；后者在受对流弥散作用影响下迁移的同时，也会受吸附—解吸、化学反应、衰变等过程影响而发生转化。

2.1.1.1 对流

地下水在运动过程中携带溶质使之迁移，该过程称为对流迁移。对流迁移溶质的量是其在地下水中浓度和流量的函数。数学上，由对流作用所引起的溶质通量（I_{ad}）可表示为

$$I_{ad} = u_i c \tag{2.1}$$

式中：c 为溶质浓度，g/L^3；u_i 为 i 方向上的平均渗流速度，m/s。当 i 取 1，2，3 时，分别对应 x、y、z 3 个方向。

均质含水层中，对流作用下，沿着溶质运动方向形成明显的浓度锋面（或突变界面），在锋面一侧为侵入地下水的浓度，另一侧为地下水的本底浓度，该种溶质运移方式也被称为"活塞流"。在非均质含水层中，溶质浓度锋面推移速度不同，将促使不同渗流路径上的流体发生混合，溶质浓度空间分布受介质非均质性影响显著。

2.1.1.2 机械弥散

当流体流过孔隙时，孔隙中心流速高于孔壁处的流速；孔隙内部流线弯曲多变，溶质迁移路径长度不一；孔隙大小多变，大的孔隙渗流速度远高于小孔隙。这些因素导致在孔隙尺度地下水渗流速度大小与方向具有高度非均匀性。由于渗流速度大小和方向差异，引起孔隙内部渗流过程中含溶质地下水发生混合，从而导致溶质浓度发生改变，该过程称为机械弥散。溶质沿着渗流方向发生的混合称为纵向弥散；而由于孔隙尺度渗流路径发散，也将导致含溶质在垂直于平均渗流方向上发生混合，称为横向弥散。

机械弥散的强度同时受控于孔隙尺度空间变异性（孔隙结构有关）和平均渗流速度大小。因此，若以弥散度表示由于孔隙结构本身对含溶质地下水混合过程影响，则机械弥散系数通常可简单表示为[13]

$$D_L = \alpha_L v, D_T = \alpha_T v \tag{2.2}$$

76

式中：D_L 为纵向弥散系数，m^2/s；α_L 为纵向弥散度，m；D_T 为横向弥散系数，m^2/s；α_T 为横向弥散度，m；v 为平均渗流速度，m/d。

机械弥散系数的一般形式为

$$D_{ij} = \alpha_T u \delta_{ij} + (\alpha_L - \alpha_T)\frac{u_i u_j}{u} \tag{2.3}$$

式中：u 为地下水平均流速；u_i 为 x、y、z 3 个方向上流速分量（$i=1$，2，3）；δ_{ij} 为 Kronecker 数（$i=j$ 时为 1，$i \neq j$ 时为 0）。

在直角坐标系中，若认为地下水流速存在 x、y、z 3 个方向分量，则机械弥散系数则与渗透系数相似，存在 9 个方向的张量。实际应用中为了简化计算，通常将 x 方向取为地下水流速方向，则 y 与 z 方向流速分量为 0。此时，机械弥散系数可简化为

$$D_{ij} = \begin{bmatrix} \alpha_L u & 0 & 0 \\ 0 & \alpha_T u & 0 \\ 0 & 0 & \alpha_T u \end{bmatrix} \tag{2.4}$$

2.1.1.3 分子扩散

在热动能作用下，水分子与溶质分子随机运动（布朗运动）也可以发生混合，使静止流体中溶质浓度平滑，该过程称为分子扩散。实践中，分子扩散难以从机械弥散中分离出来而单独考虑，通常将分子扩散和机械弥散共同引起的溶质混合作用统称为水动力弥散。因此，水动力弥散系数 D 表达为

$$D_L' = D_L + D_d, D_T' = D_T + D_d \tag{2.5}$$

式中：D_L'、D_T' 分别为纵向和横向水动力弥散系数，m^2/s；D_d 为分子扩散系数，m^2/s。

2.1.1.4 弥散系数基本特征

水动力弥散系数在溶质运移中的作用可与渗透系数在水流运动中的意义相提并论。通过大量多孔介质中弥散试验，得出 D_L/D_d 与 Pe 相关曲线，如图 2.1 所示。其中，D_L 为纵向水动力弥散系数，Pe 为 Péclet 数，$Pe = ud D_d$，d 为特征长度（可取平均粒径或孔径）。

$Pe < 0.1$（Ⅰ区）时，D_L/D_d 不随 Pe 改变，表明水动力弥散以分子扩散为主；随后随着 Pe 增大（$Pe < 5$），机械弥散的作用增加（Ⅱ区）；

$5 < Pe < 100$（Ⅲ区）：机械弥散起到主要作用，此时，$D_L/D_d \approx 0.5 Pe^m$，$1.0 < m < 1.2$；

$100 < Pe < 10^5$ 时（Ⅳ区）：分子扩散在水动力弥散中的影响可以忽略不计（仅占不到 1%），此时 $D_L/D_d \approx 0.8 Pe$；

Pe 继续增大（Ⅴ区）：虽然仍以机械弥散为主，但水流运动可能已到达紊流状态。

在对流和水动力弥散共同作用下，

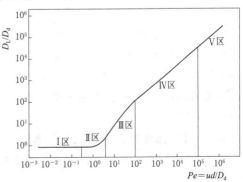

图 2.1　分子扩散与机械弥散之间关系[14]

若将一定浓度溶质瞬时注入含水层，在地下水渗流的下游方向将观测到溶质浓度随时间变化。在均匀含水介质或弱非均质性含水介质中（渗透系数标准差小于 1.0），给定观测点处溶质浓度历时曲线（常称为溶质突破曲线）呈现正态分布特征。溶质空间分布范围与水动力弥散系数之间近似满足：

$$D_L = \frac{\sigma_L^2}{2t}, \ D_T = \frac{\sigma_T^2}{2t} \tag{2.6}$$

式中：σ_L^2 为溶质在渗流方向扩散距离，m^2；σ_T^2 为溶质垂直渗流方向扩散距离，m^2；t 为溶质出现时刻至峰值出现时间间隔，s。

弥散度存在显著的尺度效应。Gelhar 等（1992）对世界范围 59 处野外试验获得的 106 个弥散度数值统计特征进行评述[15]。在 0.75～100km 尺度上，弥散度值介于 0.01～5500m 之间，弥散度与试验尺度间表现出正相关关系，即随着试验尺度的增加，弥散度增大。类似的规律同样出现于小尺度土柱（小于 1m）实验结果（10^{-2}～1cm）。上述场地尺度获得的弥散度较土柱实验获得的弥散度高出 1～2 个数量级。

受工程实践条件制约，很多弥散实验研究存在一定误差，主要原因有：监测井数量太少或混合取样，使得溶质空间分布范围界定不清；实验过程中难以全面考虑各向渗流状态随时间变化；采用特征单元体平均化的方式可以较好地代表渗流过程，但由于弥散度受孔隙微结构影响强烈，且与地下水渗流速度有关，特征单元体思想往往导致弥散度计算过度简化。截至目前，如何以示踪实验为依托确定弥散度数值以反映不同边界（源汇项）条件下溶质水动力弥散过程；或者是否存在恒定弥散度能够代表不同条件下水动力弥散强度，仍然存在较大争议。

2.1.2　对流弥散方程

2.1.2.1　Fick 第一定律

在大多数模拟研究中，采用水动力弥散系数刻画弥散强度，意味着溶质水动力弥散过程服从 Fick 第一定律，即溶质沿浓度梯度运移，运移的速率或通量与浓度梯度成正比。弥散作用所引起的溶质通量（I_{disp}）可表示为

$$I_{disp} = D_i \frac{\partial c}{\partial x_i} \tag{2.7}$$

式中：D_i 为水动力弥散系数，m^2/s；$\frac{\partial c}{\partial x_i}$ 为 i 方向浓度梯度。

该关系可以很好地描述分子扩散行为，但并非是机械弥散的理论表述，而由实际经验证明的。机械弥散和分子扩散共同作用下的净效应使得浓度分布在较短流动距离内变得均匀。虽然二者微观机理不同，但所造成的宏观结果却相似，即都将使得脉冲式注入含水层的溶质浓度在时间和空间上趋于正态分布。该模型仍是目前表征弥散过程的经典方式。

2.1.2.2　溶质迁移对流—弥散方程推导

单位时间内在 x 方向上通过单位过水断面面积溶质的总质量：

$$F_x = v_x nc \, dA - n D_x \frac{\partial c}{\partial x} dA \tag{2.8}$$

其中 x、y、z 3 个方向流速分量分别表示为 v_x、v_y、v_z；c 为溶质浓度；n 为含水层孔隙度；dA 为特征单元体垂直 x 方向过水断面面积；式中等号右侧的两项分别代表对流和水动力弥散的溶质迁移通量（负号表示弥散通量沿浓度减小方向）。

在饱和含水介质中，选择一小尺度特征单元体（长 dx，宽 dy，高 dz），则 x、y、z 3 个方向流入和流出特征单元体溶质交换量分别为

$$m_{in} = F_x dz dy + F_y dz dx + F_z dy dx \qquad (2.9)$$

$$m_{out} = \left(F_x + \frac{\partial F_x}{\partial x} dx \right) dz dy + \left(F_y + \frac{\partial F_y}{\partial y} dy \right) dz dx + \left(F_z + \frac{\partial F_z}{\partial z} dz \right) dy dx \qquad (2.10)$$

单位时间内特征单元体质量变化量为

$$\Delta m = \frac{\partial c}{\partial t} n \, dx \, dy \, dz \qquad (2.11)$$

根据质量守恒，单元体内的质量随时间变化率等于单元体各向溶质质量交换量的总和，即

$$m_{in} - m_{out} = \Delta m \qquad (2.12)$$

将式（2.9）～式（2.11）代入式（2.12）即得到化学性质稳定的溶质三维迁移方程：

$$\frac{\partial}{\partial x}\left(D_x \frac{\partial c}{\partial x} \right) + \frac{\partial}{\partial y}\left(D_y \frac{\partial c}{\partial y} \right) + \frac{\partial}{\partial z}\left(D_z \frac{\partial c}{\partial z} \right) - \left(\frac{\partial v_x c}{\partial x} + \frac{\partial v_y c}{\partial y} + \frac{\partial v_z c}{\partial z} \right) = \frac{\partial c}{\partial t} \qquad (2.13)$$

化学性质不稳定的溶质在对流弥散过程中会发生吸附/解吸、衰变等现象，其变化速率以源汇项的形式引入对流弥散方程[16]：

$$\frac{\partial c}{\partial t} = -\frac{\partial v_i c}{\partial x_i} + \frac{\partial}{\partial x_i}\left(D_i \frac{\partial c}{\partial x_i} \right) + f \qquad (2.14)$$

其中，等号左侧代表单位体积单元格内溶质质量随时间变化；等号右侧第一项表示由对流作用所引起的单元格内溶质质量变化；第二项表示由于弥散作用所引起的溶质质量变化；第三项 f 代表对流弥散以外其他过程引起的单元格内溶质质量变化。

例如，放射性同位素的衰变过程通常可定量表述为

$$c = c_0 e^{-\lambda t} \qquad (2.15)$$

式中：λ 为放射性衰变系数，s^{-1}；c_0 为该物质初始时刻的浓度，g/L；c 为 t 时刻浓度，g/L。两端对时间 t 求导后可得放射性衰变引起浓度变化量：

$$f = -\lambda c_0 e^{-\lambda t} = -\lambda c \qquad (2.16)$$

当向含水层内以强度 w、浓度 c_0 注入时，则有

$$f = \frac{w}{n} c_0 \qquad (2.17)$$

式中：n 为含水介质有效孔隙度；w 为单位体积含水层单位时间注水量，s^{-1}。

2.1.3 定解条件

为了保证上述对流弥散方程解的唯一性，必须给定初始条件和边界条件。

初始条件是描述在给定初始时刻（$t = 0$）研究区内任意一点浓度：

$$c(x, y, z, 0) = c_0(x, y, z) \qquad (2.18)$$

边界条件是指研究区边界位置上浓度分布或变化情况（一类边界），或通过边界流入流出研究区的溶质通量分布和变化情况（二类边界和三类边界）。

一类边界又称（给）定浓度边界，是指浓度分布已知的边界。若已知边界 Γ_1 上 $(x，y，z)$ 处 t 时刻浓度分布为 $c_1(x，y，z，t)$，则一类边界可表述为

$$c|_{\Gamma_1}=c_1(x,y,z,t) \quad (x,y,z)\in\Gamma_1,t>0 \tag{2.19}$$

若在此边界上 c 不随时间变化，则边界 Γ_1 可称为定浓度边界。

二类边界又称 Neumann 边界，是指弥散通量已知的边界，表述为

$$D\frac{\partial c}{\partial \boldsymbol{n}}|_{\Gamma_2}=d_2(x,y,z,t)(x,y,z)\in\Gamma_2,t>0 \tag{2.20}$$

其中 Γ_2 表示二类边界，d_2 为已知函数，$\boldsymbol{n}$ 代表 Γ_2 上 $(x，y，z)$ 处外法线方向。

三类边界又称 Cauchy 边界，是指边界上溶质通量已知的边界，表述为

$$\left(vc-D\frac{\partial c}{\partial \boldsymbol{n}}\right)|_{\Gamma_3}=m_3(x,y,z,t)(x,y,z)\in\Gamma_3,t>0 \tag{2.21}$$

其中 Γ_3 表示三类边界，m_3 为已知函数，v 代表 Γ_3 上 $(x，y，z)$ 处法向流速。

2.2 求解对流弥散方程的有限差分法

以一维渗流、二维水动力弥散为例，其控制方程可表示为

$$\frac{\partial c}{\partial t}=D_L\frac{\partial^2 c}{\partial x^2}+D_T\frac{\partial^2 c}{\partial y^2}-u\frac{\partial c}{\partial x} \tag{2.22}$$

有限差分法通过差商代替导数，将偏微分方程转化为线性代数方程（组）进行求解。类似水流运动方程离散过程，可知在 $(i，j)$ 节点处有

$$\frac{\partial c}{\partial x}\approx\frac{c_{i,j+1}-c_{i,j-1}}{2\Delta x} \tag{2.23}$$

$$\frac{\partial^2 c}{\partial x^2}\approx\frac{1}{(\Delta x)^2}(c_{i,j+1}-2c_{i,j}+c_{i,j-1}) \tag{2.24}$$

$$\frac{\partial^2 c}{\partial y^2}\approx\frac{1}{(\Delta y)^2}(c_{i,j+1}-2c_{i,j}+c_{i,j-1}) \tag{2.25}$$

2.2.1 显式差分

将式（2.23）～式（2.25）代入式（2.22），并对其中的时间项取向前差商，可得式（2.22）的显式差分格式如下：

$$\frac{c_{i,j}^{t+1}-c_{i,j}^{t}}{\Delta t}=D_L\frac{1}{(\Delta x)^2}(c_{i,j+1}^{t}-2c_{i,j}^{t}+c_{i,j-1}^{t})$$

$$+D_T\frac{1}{(\Delta y)^2}(c_{i,j+1}^{t}-2c_{i,j}^{t}+c_{i,j-1}^{t})-u_{i,j}^{t}\frac{c_{i,j+1}^{t}-c_{i,j-1}^{t}}{2\Delta x}$$

$$\tag{2.26}$$

整理后得

$$c_{i,j}^{t+1}=\lambda_{i,j+1}c_{i,j+1}^{t}+\lambda_{i,j-1}c_{i,j-1}^{t}+\lambda_{i+1,j}c_{i+1,j}^{t}+\lambda_{i-1,j}c_{i-1,j}^{t}-\alpha_{i,j}c_{i,j}^{t} \tag{2.27}$$

$$\lambda_{i,j+1}=\frac{D_{L}\Delta t}{(\Delta x)^{2}}-\frac{u_{i,j}^{t}\Delta t}{2\Delta x},\lambda_{i,j-1}=\frac{D_{L}\Delta t}{(\Delta x)^{2}}+\frac{u_{i,j}^{t}\Delta t}{2\Delta x}$$

$$\lambda_{i+1,j}=\frac{D_{T}\Delta t}{(\Delta y)^{2}},\lambda_{i-1,j}=\frac{D_{T}\Delta t}{(\Delta y)^{2}},\alpha_{i,j}=2\frac{D_{L}\Delta t}{(\Delta x)^{2}}+2\frac{D_{T}\Delta t}{(\Delta y)^{2}}-1 \tag{2.28}$$

若已知 t 时刻空间任一点浓度分布，则可由式（2.27）求解 $t+1$ 时刻各点浓度值。

然而，显式差分格式为条件收敛与稳定，其对时间和空间剖分大小存在如下要求：

$$\frac{4D_{L}\Delta t}{(\Delta x)^{2}}\leqslant 1 \quad 即 \ \Delta t\leqslant\frac{(\Delta x)^{2}}{4D_{L}}$$

$$\frac{u\Delta t}{\Delta x}\leqslant\frac{2D_{L}\Delta t}{(\Delta x)^{2}} \quad 即 \ \Delta x\leqslant 2\alpha_{L} \tag{2.29}$$

因此，在采用显式差分格式求解对流弥散方程时，时空剖分尺度应结合弥散度情况而定。该准则在采用隐式差分和有限单元法求解时同样应予以考虑。

2.2.2 隐式差分

若对式（2.22）中的时间项取向后差商，可得隐式差分格式如下：

$$\frac{c_{i,j}^{t}-c_{i,j}^{t-1}}{\Delta t}=D_{L}\frac{1}{(\Delta x)^{2}}(c_{i,j+1}^{t}-2c_{i,j}^{t}+c_{i,j-1}^{t})$$

$$+D_{T}\frac{1}{(\Delta y)^{2}}(c_{i,j+1}^{t}-2c_{i,j}^{t}+c_{i,j-1}^{t})-u_{i,j}^{t}\frac{c_{i,j+1}^{t}-c_{i,j-1}^{t}}{2\Delta x} \tag{2.30}$$

整理后得到：

$$c_{i,j}^{t-1}=-\lambda_{i,j+1}c_{i,j+1}^{t}-\lambda_{i,j-1}c_{i,j-1}^{t}-\lambda_{i+1,j}c_{i+1,j}^{t}-\lambda_{i-1,j}c_{i-1,j}^{t}+\alpha_{i,j}c_{i,j}^{t} \tag{2.31}$$

$$\lambda_{i,j+1}=\frac{D_{L}\Delta t}{(\Delta x)^{2}}-\frac{u_{i,j}^{t}\Delta t}{2\Delta x},\lambda_{i,j-1}=\frac{D_{L}\Delta t}{(\Delta x)^{2}}+\frac{u_{i,j}^{t}\Delta t}{2\Delta x}$$

$$\lambda_{i+1,j}=\frac{D_{T}\Delta t}{(\Delta y)^{2}},\lambda_{i-1,j}=\frac{D_{T}\Delta t}{(\Delta y)^{2}},\alpha_{i,j}=2\frac{D_{L}\Delta t}{(\Delta x)^{2}}+2\frac{D_{T}\Delta t}{(\Delta y)^{2}}+1 \tag{2.32}$$

式（2.31）右侧包含了其他节点的未知（t 时刻）浓度。因此，无法在已知 $t-1$ 时刻浓度的情况下直接求解，必须列出所有节点的浓度方程才能求解。

但值得注意的是对流弥散方程的隐式差分形式，依然是有条件收敛的，即

$$\frac{u\Delta t}{\Delta x}\leqslant\frac{2D_{L}\Delta t}{(\Delta x)^{2}}即\ \Delta x\leqslant 2\alpha_{L} \tag{2.33}$$

无论显式差分方程式（2.27）还是隐式差分方程式（2.31）都包含流速 u 这一关键参数项，而它是水流运动方程求解的结果。因此，对水流运动的模拟是溶质运移模拟的基础。

2.3　求解对流弥散方程的有限单元法

同样以求解一维流动二维水动力弥散方程［式（2.22）］为例，介绍 Galerkin 有限单元法的求解原理和方法。

令构造式（2.34）为方程式（2.22）的解，则有

$$\tilde{c}(x,y,t)=\sum_{j=1}^{n}c_j(t)\varphi_j(x,y) \tag{2.34}$$

$$\iint\limits_{D}\left(D_{\mathrm{L}}\frac{\partial^2\tilde{c}}{\partial x^2}+D_{\mathrm{T}}\frac{\partial^2\tilde{c}}{\partial y^2}-u\frac{\partial\tilde{c}}{\partial x}-\frac{\partial\tilde{c}}{\partial t}\right)\varphi_i(x,y)\mathrm{d}x\mathrm{d}y=0 \tag{2.35}$$

将模拟区离散成 np 个单元后，式（2.35）可离散为

$$\sum_{E=1}^{np}\iint\limits_{E}\left(D_{\mathrm{L}}\frac{\partial^2\tilde{c}}{\partial x^2}+D_{\mathrm{T}}\frac{\partial^2\tilde{c}}{\partial y^2}-u\frac{\partial\tilde{c}}{\partial x}-\frac{\partial\tilde{c}}{\partial t}\right)\varphi_i(x,y)\mathrm{d}x\mathrm{d}y=0 \tag{2.36}$$

其中 $i=1,2,\cdots,m$ 为计算节点总数（包括内节点与二类边界节点）。由微分法则可知：

$$D_{\mathrm{L}}\frac{\partial^2\tilde{c}}{\partial x^2}\varphi_i=D_{\mathrm{L}}\frac{\partial}{\partial x}\left(\varphi_i\frac{\partial\tilde{c}}{\partial x}\right)-D_{\mathrm{L}}\frac{\partial\tilde{c}}{\partial x}\frac{\partial\varphi_i}{\partial x}$$

$$D_{\mathrm{T}}\frac{\partial^2\tilde{c}}{\partial y^2}\varphi_i=D_{\mathrm{T}}\frac{\partial}{\partial y}\left(\varphi_i\frac{\partial\tilde{c}}{\partial y}\right)-D_{\mathrm{T}}\frac{\partial\tilde{c}}{\partial y}\frac{\partial\varphi_i}{\partial y} \tag{2.37}$$

将式（2.37）代入式（2.36），整理后得

$$\sum_{E=1}^{np}\iint\limits_{E}\left(D_{\mathrm{L}}\frac{\partial\tilde{c}}{\partial x}\frac{\partial\varphi_i}{\partial x}+D_{\mathrm{T}}\frac{\partial\tilde{c}}{\partial y}\frac{\partial\varphi_i}{\partial y}+u\frac{\partial\tilde{c}}{\partial x}\varphi_i+\frac{\partial\tilde{c}}{\partial t}\varphi_i\right)\mathrm{d}x\mathrm{d}y$$

$$=\iint\limits_{D}\left[D_{\mathrm{L}}\frac{\partial}{\partial x}\left(\varphi_i\frac{\partial\tilde{c}}{\partial x}\right)+D_{\mathrm{T}}\frac{\partial}{\partial y}\left(\varphi_i\frac{\partial\tilde{c}}{\partial y}\right)\right]\mathrm{d}x\mathrm{d}y \tag{2.38}$$

应用 Green 函数公式，方程右端项可改写为

$$\iint\limits_{D}\left[D_{\mathrm{L}}\frac{\partial}{\partial x}\left(\varphi_i\frac{\partial\tilde{c}}{\partial x}\right)+D_{\mathrm{T}}\frac{\partial}{\partial y}\left(\varphi_i\frac{\partial\tilde{c}}{\partial y}\right)\right]\mathrm{d}x\mathrm{d}y=\int_{L}J_n\varphi_i\mathrm{d}\Gamma \tag{2.39}$$

$$J_n=D_{\mathrm{L}}\frac{\partial\tilde{c}}{\partial x}\cos(n,x)+D_{\mathrm{T}}\frac{\partial\tilde{c}}{\partial y}\cos(n,y) \tag{2.40}$$

其中 J_n 代表通过二类边界的溶质通量，进而得到：

$$\sum_{E=1}^{np}\iint\limits_{E}\left(D_{\mathrm{L}}\frac{\partial\tilde{c}}{\partial x}\frac{\partial\varphi_i}{\partial x}+D_{\mathrm{T}}\frac{\partial\tilde{c}}{\partial y}\frac{\partial\varphi_i}{\partial y}+u\frac{\partial\tilde{c}}{\partial x}\varphi_i+\frac{\partial\tilde{c}}{\partial t}\varphi_i\right)\mathrm{d}x\mathrm{d}y=\int_{L}J_n\varphi_i\mathrm{d}\Gamma \tag{2.41}$$

将式（2.34）代入式（2.41），整理后得

$$\sum_{E=1}^{np}\iint\limits_{E}\sum_{j=e_1}^{e_n}\left(D_{\mathrm{L}}\frac{\partial\varphi_j}{\partial x}\frac{\partial\varphi_i}{\partial x}+D_{\mathrm{T}}\frac{\partial\varphi_j}{\partial y}\frac{\partial\varphi_i}{\partial y}\right)c_j\mathrm{d}x\mathrm{d}y$$

$$+\sum_{E=1}^{np}\iint\limits_{E}\sum_{j=e_1}^{e_n}u\frac{\partial\varphi_j}{\partial x}\varphi_ic_j\mathrm{d}x\mathrm{d}y$$

$$+\sum_{E=1}^{np}\iint\limits_{E}\sum_{j=e_1}^{e_n}\varphi_j\varphi_i\frac{\partial c_j}{\partial t}\mathrm{d}x\mathrm{d}y=\int_{L}J_n\varphi_i\mathrm{d}\Gamma \tag{2.42}$$

其中 e_1-e_n 为单元 E 的 n 个节点编号，若采用三角剖分方式，则 $n=3$；若采用四边形剖分，则 $n=4$。对于三角单元剖分而言，其基函数 φ_i 具有以下性质：

$$\varphi_i=\frac{a_i+b_i x+p_i y}{2\Delta\beta_E}, \quad \frac{\partial\varphi_i}{\partial x}=\frac{b_i}{2\Delta\beta_E}, \quad \frac{\partial\varphi_i}{\partial y}=\frac{p_i}{2\Delta\beta_E}$$

$$\iint\limits_E \varphi_i\,\mathrm{d}x\,\mathrm{d}y=\frac{\Delta\beta_E}{3}, \quad \iint\limits_E \varphi_i\varphi_j\,\mathrm{d}x\,\mathrm{d}y=\begin{cases}\dfrac{\Delta\beta_E}{12} & (i\neq j)\\[2mm]\dfrac{\Delta\beta_E}{6} & (i=j)\end{cases} \tag{2.43}$$

其中 $\Delta\beta_E$ 代表第 E 个单元的面积。应用式（2.43）于式（2.42）得

$$\sum_{E=1}^{np}\sum_{j=e_1}^{e_n}\left(D_L\frac{b_i b_j}{4\Delta\beta_E}+D_T\frac{p_i p_j}{4\Delta\beta_E}\right)c_j+\sum_{E=1}^{np}\sum_{j=e_1}^{e_n}u_E\frac{b_j}{6}c_j+\sum_{E=1}^{np}\sum_{j=e_1}^{e_n}\frac{\Delta\beta_E}{6(12)}\frac{\partial c_j}{\partial t}=F_i \tag{2.44}$$

其中 F_i 代表二类边界溶质输入量或源汇项。式（2.44）的矩阵形式为

$$[\boldsymbol{D}_{m\times n}+\boldsymbol{U}_{m\times n}]\boldsymbol{C}_{n\times 1}+\boldsymbol{S}_{m\times n}\frac{\mathrm{d}\boldsymbol{C}}{\mathrm{d}t}=\boldsymbol{F}_{m\times 1} \tag{2.45}$$

其中，各矩阵中的元素可表示为

$$d_{i,j}=\sum_{E=1}^{np'}\left(D_L\frac{b_i b_j}{4\Delta\beta_E}+D_T\frac{p_i p_j}{4\Delta\beta_E}\right) \tag{2.46}$$

$$u_{i,j}=\sum_{E=1}^{np'}u_E\frac{b_j}{6} \tag{2.47}$$

$$s_{i,j}=\begin{cases}\displaystyle\sum_{E=1}^{np'}\frac{\Delta\beta_E}{6} & (i=j)\\[4mm]\displaystyle\sum_{E=1}^{np'}\frac{\Delta\beta_E}{12} & (i\neq j)\end{cases} \tag{2.48}$$

其中 np' 为与 i 节点相关的单元数量。

对式（2.45）中时间导数项采用向后差分方法得到 Galerkin 限单元法求解水动力弥散方程的全隐式方程如下：

$$[\boldsymbol{D}+\boldsymbol{U}]\boldsymbol{C}^{t+1}+\boldsymbol{S}\frac{\boldsymbol{C}^{t+1}-\boldsymbol{C}^t}{\Delta t}=\boldsymbol{F} \tag{2.49}$$

整理后有

$$\left[\boldsymbol{D}+\boldsymbol{U}+\frac{\boldsymbol{S}}{\Delta t}\right]\boldsymbol{C}^{t+1}=\boldsymbol{F}+\frac{\boldsymbol{S}}{\Delta t}\boldsymbol{C}^t \tag{2.50}$$

对研究区进行三角剖分后，确定各节点坐标、各单元参数值以及边界条件，可依次推求式（2.50）中各系数矩阵，并采用迭代法求解溶质浓度时空演化过程。

2.4 溶质运移模拟案例

2.4.1 基础资料

2.4.1.1 自然地理条件

某金属矿所在区域属内蒙古高原，地势低凹平台，海拔约为 $920\sim1000\mathrm{m}$。该区

为干旱荒漠草原型气候区。受蒙古高压控制，冬季寒冷漫长、夏季干燥少雨。年平均气温为 4.2℃，平均降雨量 181.2mm，月平均蒸发量最高可达 291.2mm。区内存在季节性冻土层，最大冻土深度为 2.62m。

2.4.1.2　地质特征

1. 地层

矿床及其附近地表出露地层为古近系伊尔丁曼哈组，且大面积被第四系沉积物覆盖。根据钻孔资料，矿区自下而上揭露有下白垩系赛汉组下段（K_1s^1）、赛汉组上段（K_1s^2）、古近系伊尔丁曼哈组（E_2y）、第四系（Q）地层。

赛汉组下段厚度约 50～400m，空间分布连续稳定，岩性主要为灰色、深灰色泥岩夹灰黑色炭质泥岩、黑色褐煤层，构成某金属矿床含矿含水层区域性隔水底板；上段底部岩性主要为泥岩或粉砂质泥岩，厚度 1～5m；中部为连通的砂体，内含泥岩夹层和透镜体，厚度为 20～60m；顶部为白色砂质砾岩及含砾砂岩，并上覆有绿灰色、棕红色泥岩，厚度为 5～30m。该段地层为某金属矿主要赋矿层位。

伊尔丁曼哈组地层为河流相和小型冲积扇相沉积，在矿区分布范围广泛。岩性由褐红色、灰绿色、浅灰色泥岩、砂质泥岩以及砂岩互层构成，并见有钙质结核和铁锰质斑点。地层厚度 30～100m，构成某金属矿床含矿含水层区域性隔水顶板。

第四系地层在区内包括冲积和湖积砂、砾、淤泥，以及风成砂土。厚度小于 10m。

2. 构造特征

该矿位于内蒙古中北部，是在天山-兴蒙华力西褶皱系基础上发育的中新生代内陆盆地。盆地由川井坳陷、乌兰察布坳陷、马尼特坳陷、乌尼特坳陷、腾格尔坳陷和苏尼特隆起 6 个二级构造单元组成。矿床位于马尼特坳陷。该坳陷北西部以 F1 断裂为界，控制着坳陷内部地层沉积；南东部为相对较缓的斜坡带，受 F2、F3 断裂控制。F1 为同生断裂，走向 58°，倾向南东，倾角 60°～75°，长近 100km，中部断距较大，可达 300～1000m，东西两端断距较小。F2、F3 为凹陷南部边界切层断裂，走向北东，倾向南东，断距约 500m，其在腾格尔期以前均有活动，造成南部地层的抬升。

受基底构造控制，马尼特凹陷由北东向低凹区组成狭长的负地形区，为赛汉组古河谷砂体的发育创造有利的构造条件。赛汉组底板形态特征也反映了河谷型盆地特征，倾向北西和南东，南北两侧底板海拔高程为 800～880m，向中部降低至 760～840m，即古地形从两侧向河谷中心倾斜，在北部底板高程增加且坡度变陡。

晚白垩世构造反转，导致该区不均匀抬升。其中，河谷北侧受 F1 断裂逆冲的影响，抬升幅度相对较大，如靠断裂一侧赛汉组上段被剥蚀殆尽，出露赛汉组下段煤层。古河谷砂体出露地表，直接与古近系地层接触。在晚白垩世至古近纪长时间的沉积间断期间，氧化淋滤强烈，是该区氧化带形成及成矿的主要时期。

3. 水文地质特征（视频 2.1）

（1）含矿含水层。

含矿含水层由赛汉组上段辫状河砂体组成，属中等透水-强透水的岩石，含矿含

视频 2.1
水文地质
条件介绍

水层总体为一层，呈厚层状，分布稳定、厚度一般为 30～100m（图 2.2），平均 66.44m。横向上，从南、北两侧向中间增厚；纵向上，从南西向北东渐次增厚，向北东倾斜，但总体产状平缓。

据地浸试验孔抽水试验资料，含矿含水层水位埋深 20.92～21.17m，承压水头 61.48～66.00m，5m 降深条件下单孔涌水量为 371.52～941.76m³/d，导水系数 483.10～569.48m²/d。勘探区含矿含水层具有地下水位埋深小、承压水头较高、涌水量大、渗透性好、导水能力强的特点。

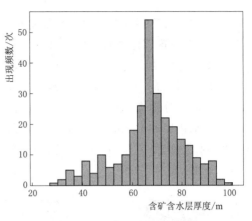

图 2.2 含水层厚度概率分布图

（2）上覆隔水层（隔水顶板）。

含矿含水层隔水顶板主要由赛汉组上段顶部的绿灰色夹红色泥岩、含砂砾泥岩、粉砂质泥岩等组成，属辫状河沉积体系末期的泛滥平原沉积，局部与伊尔丁曼哈组洪泛沉积的红色、灰绿色泥岩、含砂砾泥岩、粉砂质泥岩等共同组成。厚度一般 6～20m，平均 11.08m，分布连续、稳定，隔水性能良好。顶板隔水层底面标高最低 870.40m，最高 902.96m，平均 886.84m。顶板底面横向上多呈近水平状；纵向上从南西部向北东部逐渐加深，略向北东倾斜。矿体主要位于含矿含水层隔水顶板底面埋深 60～90m 的区域。

（3）下伏隔水层（隔水底板）。

含矿含水层隔水底板由赛汉组下段湖沼相沉积的绿灰色、灰色、灰黑色泥岩、粉砂质泥岩、炭质泥岩夹褐煤层组成，厚度较大，据煤田钻孔可达 500m 以上。矿区钻孔未揭穿，揭露厚度一般 5～20m，分布连续、稳定，隔水性能良好。

底板隔水层顶面标高最低 785.84m，最高 832.58m，平均值 811.47m。其变化规律与顶板底面标高变化相类似，即横向上底板标高从中间向南北两侧逐渐增高，纵向上南西部高向北东部逐渐降低。

（4）含矿含水层补给、径流与排泄。

含矿含水层（赛汉组上段）地下水位连续观测数据显示：含水层在雨季期间水位有微弱的上升趋势，升幅为 7～8cm；而雨季过后水位较为平稳，且有微弱的下降趋势，最大降幅为 8cm。含矿含水层地下水在雨季存在微弱的大气降水通过上覆的伊尔丁曼哈组含水层间接补给。但由于含矿含水层因具有稳定的顶板隔水层，加之上覆伊尔丁曼哈组厚层泥岩的阻挡，大气降水难以渗入，同时蒸发作用也难以发生，含矿含水层地下水水位动态变化随气象要素变化不大。

矿床地下水主要接受北东邻区同层地下水的侧向补给，另外，还有北西和南东的侧向的补给，地下水总体从北东向南西缓慢径流，水力梯度 0.3‰～1.4‰，径流速度 0.7～2.9m/a，最终排泄于矿床南西部的准达来、巴润达来一带。

2.4.2　地浸采矿过程中水-溶浸剂耦合模拟

2.4.2.1　模拟区范围选择（视频 2.2）

视频 2.2
模拟区范围
定义与剖分

　　根据已有的矿周边水文地质图（图 2.3）可知，F2 断层与天然地下水流方向平行，为阻水断层；F1 断层中部与地下水流方向垂直或斜交，属透水断层。此次选择 F1 和 F2 断层分别作为模拟区的西北和东南部边界；在该金属矿核心区向地下水上游和下游分别拓展约 10km，分别以 950m 和 930m 等水头线为东北和西南部边界，以削弱边界对该金属矿集中注采区流场和化学场模拟结果影响。模拟区总面积为 147.62km^2。

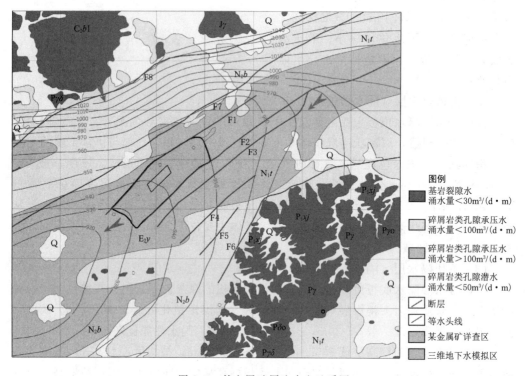

图 2.3　某金属矿周边水文地质图

　　根据区内 257 口勘探井岩性编录数据，界定含矿含水层（赛汉组上段）顶底板高程，并利用克里格空间插值，获得工作区三维含水层模型（图 2.4）。含水层底板高程介于 767～890m，顶板高程介于 851～921m，含水层厚度为 30～100m。整体上，模拟区倾向北东方向，含水层厚度为南部较厚、东北部较薄。金属矿集中注采区处于古河谷核部，高程相对较低。

视频 2.3
边界和参数
定义

2.4.2.2　参数定义（视频 2.3）

　　根据区内已有水位监测数据计算获得了钻孔控制点处渗透系数值，为 0.06～4.0m/d，服从偏态分布，平均渗透系数约为 0.76m/d，标准差为 1.00（图 2.5）。

　　由于模拟区沉积环境稳定，可以假设模拟区内渗透系数概率分布与已有计算值所服从的概率分布和空间变异函数一致，采用下述方法生成模拟区渗透系数：首先在区

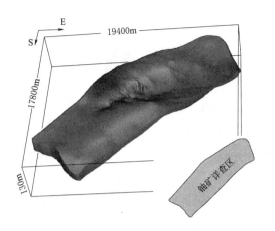

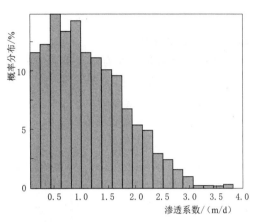

图 2.4 模拟区含矿含水层（赛汉组上段）
三维实体结构图

图 2.5 矿区某开采区块渗透系数概率分布

内随机生成 55 处控制点，覆盖整个模拟区［图 2.6（a）］；根据计算获得的渗透系数概率分布，随机抽样给定这 55 个控制点渗透系数值；通过普通克里格插值法确定模拟区内渗透系数空间分布［例如图 2.6（b）和图 2.6（c）］。由于该方法确定的渗透系数空间分布存在不确定性，此次工作随机生成多组非均质渗透系数空间分布和一组均质渗透系数分布［图 2.6（d）］，开展随机模拟。

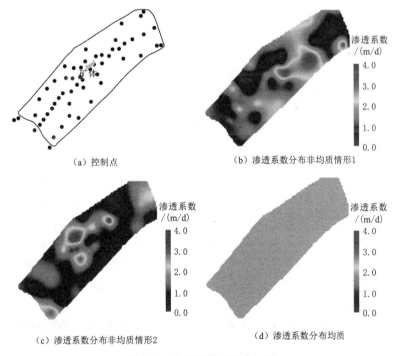

（a）控制点

（b）渗透系数分布非均质情形 1

（c）渗透系数分布非均质情形 2

（d）渗透系数分布均质

图 2.6 渗透系数空间分布图

除渗透系数外，弥散度对溶浸剂迁移过程起到重要作用。此次根据含水层岩性特征，将横向弥散度设置为 50m，纵向弥散度设置为 10m。其余参数对流场和浓度场影响可以忽略，根据岩性特征随机给定。

2.4.2.3 边界条件

模拟区西南侧设置为定水头边界，水头维持于 930 m。东北侧及西北侧设置为定流量边界，流量值根据天然水力梯度，利用达西定律估算，补给流量为 $1 \times 10^{-4} \sim 5 \times 10^{-4}$ m/d。模型东南侧位于 F2 隔水断层，设置为隔水边界（图 2.7）。

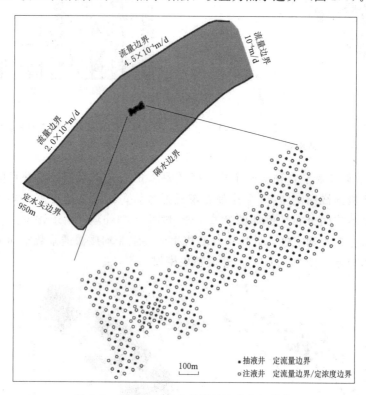

图 2.7 模拟区边界条件及抽注井空间分布

在抽注井位置，设置定流量边界，代表溶浸剂（硫酸）溶液注入和抽出过程。注液强度为 $7.0 \sim 550.0$ m³/d，抽水强度为 $88.0 \sim 305.0$ m³/d。总注液强度为 4.27×10^4 m³/d；总开采强度为 4.47×10^4 m³/d。总开采强度为总注入强度的 1.03 倍，以防止注入硫酸过度扩散至开采区外围导致大面积地下水污染。

由于硫酸为人工注入，此次模拟忽略天然条件下含矿含水层之中本底浓度值，并且将模拟区外围边界设置为零溶质通量边界。硫酸以定浓度方式通过注液井进入含矿含水层，因此，将注液井所在位置设置为定浓度边界，浓度值为 $7220 \sim 7320$ mg/L。

2.4.2.4 模型验证

在均质假设条件下，将渗透系数设置为 0.76m/d。模拟区的流量边界补给强度由东北向西南依次调整为 10^{-4} m/d、4.5×10^{-4} m/d、2.0×10^{-4} m/d，计算得到水头空间分布，平均流速为 7.6×10^{-4} m/d。计算水头与实测水头之间的绝对误差小于 2.0m，相对误差控制于 10% 以内（图 2.8），水头分布和流速分布在趋势上一致，认为天然条件下模型边界设置合理。

2.4.2.5 开采条件下流场演化过程分析（视频 2.4）

如图 2.9 所示，现状开采条件下开采 1d 后，流体注入和抽出仅在各井周围小于 100m 范围内引起水位的升高和降低，最大升高幅度为 4.5m，最大降低幅度为 −2.5m；开采 30d 后，群井抽注过程对地下水位已产生区域性影响，在开采区的上游方向水位整体抬升，而在下游方向水位整体下降，水位最大上升幅度为 7.0m，最大下降幅度为 −9.0m；开采 1 年后，水位上升区域范围和下降区域范围均进一步扩大，最大水位上升幅度增加至 12.0m，最大水

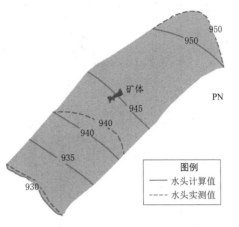

视频 2.4 渗流模拟

图 2.8 计算水头与实测水头对比（单位：m）

位下降幅度增加至 −20.0m；开采 5 年后，开采区下游的水位下降范围进一步扩大，但上游方向水位上升范围减少；开采 10 年后，区内水位较开采初期整体下降，水位上升区域范围进一步减少，最大水位下降幅度为 −30.0m，由于总开采强度高于总注入强度，最大水位上升幅度有所降低，为 8.0m。开采 10 年后，尽管水位变化幅度趋缓，但水位尚未达到稳定状态。

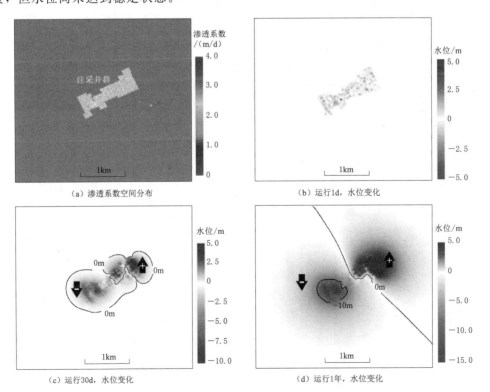

图 2.9（一） 均质条件下，开采周期 1d、30d、1 年、5 年和 10 年水位相比与天然水位变化幅度
（正值代表上升、负值代表下降）

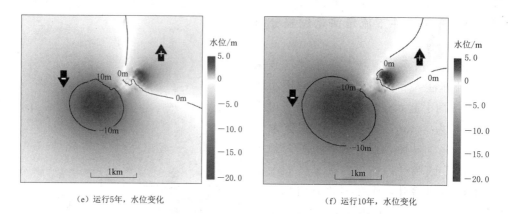

（e）运行5年，水位变化　　　　　　　　　　　　（f）运行10年，水位变化

图 2.9（二）　均质条件下，开采周期 1d、30d、1 年、5 年和 10 年水位相比与天然水位变化幅度
（正值代表上升、负值代表下降）

2.4.2.6　开采条件下硫酸浓度场演化过程分析（视频 2.5）

视频 2.5
溶质运移
模拟

硫酸的迁移受控于对流和弥散过程。如图 2.10 所示，受对流作用主导，开采第 1 天，注入硫酸仅在注入井周围迁移，影响半径范围小于 50m；随着开采过程的进行，群井干扰强烈，通过不同注入井进入含矿含水层的硫酸发生较大范围井间交互影响。在开采 1 年之后，硫酸的持续注入在开采单元外围 100m 范围内形成浓度相对稳定的硫酸浓度晕；在开采 1 年～10 年期间，硫酸浓度晕进一步扩大至井场外围约 500m 范围。

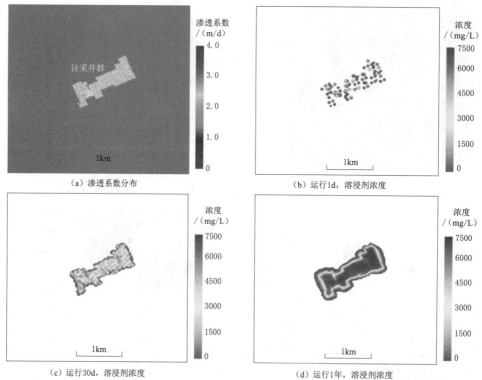

（a）渗透系数分布　　　　　　　　　　　　　　（b）运行1d，溶浸剂浓度

（c）运行30d，溶浸剂浓度　　　　　　　　　　　（d）运行1年，溶浸剂浓度

图 2.10（一）　均质条件下，开采周期 1d、30d、1 年、5 年和 10 年硫酸浓度演化过程

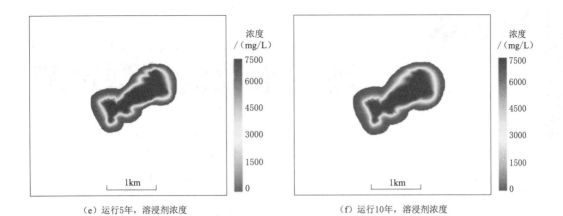

（e）运行5年，溶浸剂浓度　　　　　　　　　（f）运行10年，溶浸剂浓度

图 2.10（二）　均质条件下，开采周期 1d、30d、1 年、5 年和 10 年硫酸浓度演化过程

第3章

地下水数值模型预测

地下水数值法的应用，总体上可以划分为两个类别，一类是正演，另一类是反演。所谓数值模拟的正演过程，是根据已知的参数、水量以及定解条件，求解地下水位，所求的解是适定的（解存在、唯一、稳定）；而数值模拟的反演过程，则是在已知地下水位的动态变化或抽水试验资料条件下，求解含水层的参数或开采量、补给量或定解条件等问题，所求的解是不适定的（主要体现为不唯一）。

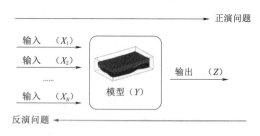

图 3.1 正演问题及反演问题示意图

如图 3.1 所示，对于一个模型来说，如果已知输入 X 和模型 Y，要推测输出 Z，这就是正演问题；如果已知 Z 和 X、Y 中的一个推测另一个，或仅已知 Z 推测 X 和 Y，则都称为反演问题。

地下水数值模拟的主要应用领域在正演问题上，但在正演过程中也需要对水文地质参数等进行反演识别。本章以地下水流数值模拟为例，介绍正演问题求解的一般步骤，其中涉及的反演问题详细参阅第 5 章。

3.1　模型预测的一般步骤

3.1.1　建立水文地质概念模型

真实的水文地质条件往往因过于复杂而无法给出合适的数学模型，因此，常常需要通过概化，建立起适宜采用数学模型进行描述的水文地质概念模型。建立水文地质概念模型，一般包括如下几个方面。

（1）确定计算区范围。

建议以相对完整的水文地质单元为数值模拟计算区，尽量将计算区边界设置在自然边界处，或者设置在容易确定流量或地下水位的人为边界处。

（2）边界条件概化。

根据含水层、隔水层的分布，地质构造和边界上的地下水流特征，地下水与地表水的水力联系等因素，可以将计算区侧向边界条件概化为给定地下水水位的第一类边界、给定侧向径流量的第二类边界或给定流量与水位关系的第三类边界；垂向边界条件可概化为有水量交换的边界条件和无水量交换的边界条件。

当利用平面二维模型时，只有切割了含水层的常年性河流或地表水体才可概化为第一类边界，未完全切穿含水层的河流，只有经过论证符合条件时，才可概化为第一类边界。

（3）含水层系统结构概化。

应根据含水层的类型、岩性、厚度、导水系数（渗透系数）等将内部结构概化为均质（或非均质）各向同性（或各向异性）含水层。

（4）水力特征概化。

一般情况下，地下水的运动是符合达西定律的，但对于岩溶含水系统，应论证其水流状态是否在达西定律的适用范围之内。

根据地下水流状态将区内地下水流概化为稳定或非稳定流、一维流、二维平面流或剖面流、准三维流或三维流等。

（5）水文地质参数分区。

根据室内实验、抽水试验或其他野外试验求得渗透系数、弹性释水系数、给水度、降水入渗系数等水文地质参数，并结合地貌、岩性等特征，建立水文地质参数分区，对不同分区给定水文地质参数，并作为水量模型识别计算的初始值。在模型识别过程中，可对分区以及参数进行调整，但应与水文地质特征相符。

（6）源汇项概化。

应根据区内开采井的特点将其概化为点井、面积井或大井；根据区内降雨、上下含水层的顶托或下渗补给以及各类地表水的渗入补给特点及分布特征，可将其概化为单元入渗补给强度或确定的补给量。潜水蒸发强度一般随潜水位埋藏深度而发生变化，可以建立受潜水极限蒸发埋深约束的子模型。

（7）初始条件。

模拟期起始时刻地下水流场图。尤其对非稳定流地下水数值模拟，合理、准确的地下水初始流场是十分重要的。

3.1.2 建立数学模型

根据所建立的水文地质概念模型，写出适当的数学模型，包括描述地下水运动规律的偏微分方程，以及特定区域的定解条件（边界条件和初始条件）。

3.1.3 选择模拟程序

可以自己编译或选择已知的公开或商业程序。目前，国内外已经涌现了大量的地下水数值模拟程序，Ekkehard Holzbecher and Shaul Sorek（2005）总结了一个不完全的地下水模拟程序列表，本书在此基础上摘录部分信息（表3.1）。

表3.1　　　　　　　　　　地下水数值模拟程序（部分）简表

程序名称	简　介
CFEST	流体-能量-溶质运移耦合模拟
FAST	三维水流、二维溶质运移模拟
FEFLOW	三维水溶、溶质、热运移模拟
FEMWATER	三维水流运动模拟

程序名称	简　介
HST3D	三维水流、溶质、热运移模拟
MOC3D	水流和溶质的三维特征线方法
MODFLOW	三维水流模拟
MODPATH	MODFLOW 粒子追踪模拟
PATH3D	MODFLOW 粒子追踪模拟
MT3D	三维溶质运移模拟
MT3D－MS	三维多组分溶质运移模拟
PHREEQC	地球化学模拟及一维溶质运移模拟
PORFLOW	三维水流、溶质、热运移模拟
ROCKFLOW	三维水流、溶质、热运移模拟
RT3D	基于 MT3D－MS 的反应性溶质运移模拟
SEAM3D	基于 MT3D－MS 的反应性溶质运移模拟
SUTRA	水流和溶质运移模拟
SWIFT	三维水流、溶质、热运移模拟
TBC	溶质、生物化学和化学模拟
UCODE	参数优化
PEST	参数优化模型
GMS	图形用户界面（GUI）：FEMWATER, MODFLOW, MT3D, RT3D, SEEP2D, SEAM3D
Visual MODFLOW	图形用户界面（GUI）：MODFLOW, MT3D, RT3D, PEST
PMWIN	图形用户界面（GUI）：MODFLOW, MOC, MT3D, PEST 及 UCODE
Model Viewer	三维模型结果的可视化工具

3.1.4　时空剖分原则

（1）空间剖分原则。

1）网格大小以及数量应与勘察阶段及所对应的基础数据精度相适应，重点地区可适度加密。

2）根据计算目标的要求：例如在坝区渗流模拟工作中，要求对坝体部分的剖分要十分细致，能够体现出坝体结构。

3）结合软件的剖分能力：有些商业软件，设置了网格数量的剖分上限。

4）为了使计算稳定，最好均匀剖分，相邻单元不要相差过大，水位变化大的地方，剖分单元应小一些。

（2）时间剖分原则。

根据模拟时段内的资料精度以及计算目标特点或要求。例如，对区域地下水流动的模拟，剖分时段可以以天为单位；但对基坑降水、抽水试验等地下水动态变化的模拟，则应以小时、分为单位。

3.1.5 数据的整理与输入

（1）建立坐标系统，标注节点号、节点坐标、单元编号及个数、未知节点数、二类边界点数统计。这是一步十分烦琐的工作，但现在一般的计算机程序可以实现自动剖分和统计等工作，大大节省了工作强度。

（2）各模型层的顶、底板高程数据。

（3）水文地质参数分区及参数值。

（4）开采井数量、位置；按计算时段统计开采量的时空分布（配）；其他源汇项（降水入渗、河流渗漏、蒸发排泄等）统计。

（5）观测井的数量、位置、观测数据。

（6）边界水位、边界流量等其他数据。

第（2）～（6）项所涉及的资料，往往是地下水流数值模拟所需要的核心基础数据，任何一项资料的缺失，都将极大降低地下水数值模拟模型的可靠性。

3.1.6 模型校正（识别）

3.1.6.1 校正时段的选择

当可供校正的时段较短的情况下，一般选择水位观测资料较多、源汇项容易确定的时段，这样可以减少其他不确定性因素的干扰。在条件允许时，尽量利用两个以上水文年数据开展模型校正工作，将有助于提高模型可靠性。

3.1.6.2 校正方法

在地下水数值模拟参数校正过程中，最主要的方法主要包括如下两种。

（1）试估-校正法：在每次正演前，根据水头的计算值与实测值的拟合情况，人为给出各参数的修正值。

（2）最优化方法：给定参数的上、下限（约束条件），计算机自动优化。

更详细、具体的对反演问题的介绍，参见第 5 章。

3.1.6.3 校正标准

关于地下水数值模型的校正标准问题，目前尚存颇多分歧。

由王兆馨、林学钰、余国光、廖资生等人起草的《地下水资源管理模型工作要求（GB/T 14497—1993）》中明确提出如下三点要求[17]。

（1）对于降深小的地区，要求水位拟合小于 0.5m 的绝对误差结点必须占已知水位结点的 70% 以上；对于降深较大的地区（大于 5m）要求水位拟合小于 10% 的相对误差结点必须占已知水位结点的 70% 以上。

（2）水质浓度的拟合精度应视进入模型的模拟因子的现代分析误差精度而定。一般情况下，拟合的绝对误差值应控制在分析误差精度以内。满足水质浓度误差精度要求的结点应占已知水质浓度结点的 50% 以上。

（3）对水文地质条件复杂的地区，地下水水位和水质浓度的拟合精度均可适当降低。

《地下水资源数值法计算技术要求》（DZ/T 0224—2004）中，对地下水数值模型识别与验证的技术要求如下[18]：

（1）利用非稳定流资料识别模型，实际观测值与模拟计算值的地下水位变化 $h-t$ 曲线或地下水溶质浓度变化 $C-t$ 曲线的趋势应一致。可以采用使得水位或浓度拟合均方差等目标函数达到最小，作为判断标准。

（2）对于水量模型，一般情况下，控制观测井地下水水位的实际观测值与模拟计算值的拟合误差应小于拟合计算期间内水位变化值的 10%。水位变化值较小（<5m）的情况下，水位拟合误差一般应小于 0.5m。

（3）对于水质模拟，根据不同的模拟因子的分析误差精度，一般情况下，水质浓度的拟合的绝对误差值应控制在分析误差精度以内。

（4）利用稳定流资料识别模型，模拟流场与实测流场、模拟浓度场与实测浓度场的形态应一致，地下水的流向或溶质运移方向应相同。

在生产实践中，过分追求水位拟合也可能会导致模型的失真。因此，相继有学者提出了不同的模型检验原则。对于大区域地下水数值模型识别，一般的准则是：①识别后的模型结构及参数应基本符合实际水文地质条件；②模拟的流场与实际流场整体趋势一致，即能反映区域地下水的流向、主要地下水漏斗及相关环境地质问题；③模拟的地下水位变化过程线趋势与实际地下水位过程线趋势一致；④模拟的地下水均衡变化与实际要基本相符[19-21]。

因此，在模型校正标准方面，应首要追求整体上、趋势上的合理、可靠，其次才是精确程度。

3.1.7　模型验证

经过校正后的模型一般还要进行验证，看其是否正确地描述了地下水系统的本质特征。识别与验证过程必须利用相互独立的不同时间段的资料，并采用已识别的参数，通过对地下水系统模型的输入和输出，观察地下水数值模型的计算结果与实际观测数据的拟合程度。

验证时段总长最好包括两个以上水文年。通过模型正演，对比计算水位与实测水位的误差，如满足要求则验证通过；若不满足要求，说明在模型概化、参数识别或其他方面仍然存在问题，需要重新校正模型。

通过校正和验证的模型，其各种条件能较真实地再现水文地质原型，可用于预测。

但在实际工作中，仍然需要注意的是：许多地区没有长序列的水文地质监测数据，识别与验证的时段较短，数值模型的累计误差尚不能充分体现出来，此时的水位拟合效果可能仍然很好，但一旦应用在长期预报中，则可能出现异常趋势或得到错误结果。

3.1.8　模型预测

地下水模型预测可以对拟定的地下水资源开发利用方案的效果进行模拟、评价，但在模型预测前，需要完成如下工作。

（1）根据设定的预报起点，给出初始时刻地下水流场。

（2）给出预报时段内边界条件数据，包括边界水位、流量等，可通过相应的统计模型或计算区外围的区域模型计算得出。

（3）给出预报时段内所有源汇项数据，包括大气降水入渗量、地下水蒸发量、地表水与地下水交换量、人工开采量等。

将上述条件代入验证过的地下水数值模型中，模拟、预报特定条件下的地下水位动态和流场特征，并据此分析、评价地下水资源开发利用方案对地下水系统的影响，为相关决策提供科学依据。

从预报模型的输入项可以看出，地下水数值模型对地下水系统预报的可信程度取决于：①模型的可靠性，包括概念模型是否合理、数学模型是否正确、边界条件和参数赋值是否符合实际水文地质条件等，这些工作是在水文地质勘察基础上，由模型的校正与验证阶段来完成的；②对未来条件下模型的边界条件、源汇项等输入要素的预报的准确性，通常这部分工作需要以长序列的监测数据为依托。

3.1.9　模型后续检验与修正

地下水数值模型的预测，由于涉及众多的未知项，其实很难完成对地下水系统行为的精确预报，而且预报时间越长，准确性就越低，更主要的是提供一种趋势分析。而模型的后续检验与修正，则可以使所建立的数值模型持续发挥作用。

所谓后续检验，是通过对比实测数据与对应时间上的预测数据，检验模型的有效性和实际预测精度。

模型修正，基于水文地质勘察工作的不断深入以及对水文地质条件认识的不断提高，结合模型后续检验结果，修正模型预报条件，甚至重新识别和验证模型。此项工作可以使所建立的地下水数值模型不断得以完善、提高，持续发挥其对地下水系统的模拟和预报功能，为地下水资源开发利用和管理服务。

3.2　地下水数值模型预测实例

本节的目的是使读者能够通过实际操作，了解和掌握地下水数值模拟正演过程的基本原理、工作流程以及相应的模拟技术。

本实例采用有限差分法求解，所附数据来源于实际地下水数值模拟工作项目，为了更好地适应学习需求，对位置信息和实际数据进行了一定程度的简化和修改。

3.2.1　研究区介绍

3.2.1.1　自然地理条件

研究区位于我国西部某大型盆地的山前冲洪积扇，区内地广人稀，开发程度相对较低，仅一条公路从工作区通过，交通条件一般（图 3.2）。

研究区内气候具多风、少雨、蒸

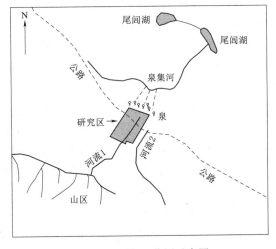

图 3.2　研究区范围示意图

发强烈、冬长夏短、昼夜温差悬殊等特点，属典型高原内陆高寒干旱气候。

研究区多年平均降水量为 29.8mm，降水稀少且分布不均，多集中在 5—9 月 5 个月，约占年降水量的 87%；多年平均蒸发量为 1679.3mm，蒸发量是降水量的 56 倍。霜期从 10 月份开始至翌年 3 月止，全年无霜期 200d 左右。

研究区河流发源于南部的山区，河流呈明显的季节性变化规律：一般每年 10—12 月和翌年 1—3 月是河流量最枯时期，河流仅接受山区地下水的补给，河流量小但较为稳定；4 月以后，随着气温升高引起冰雪融化，河流接受冰雪融水和山区地下水的补给，径流量缓慢增大；5—9 月是降水量最集中的季节，也是河流径流量最丰沛的时期，随着雨季的来临，降水直接补给河水，河流流量显著增大，7 月中旬至 8 月底达到最大，其后气温降低，降水减少，河流量不断减少；10 月份以后进入枯水期。

研究区山区河流自南向北流入盆地，出山口后水量大量漏失，至戈壁前缘细土平原溢出地表汇集成泉集河。

3.2.1.2　区域地质概况

研究区位于中新生代断陷盆地边缘，自第四纪以来，山前平原一直处于相对下降之中，因而沉积了巨厚的松散堆积物。研究区第四纪地层可做如下划分。

（1）中更新统（Qp_2^{al-pl}）。地表未见出露，埋藏于地下 174～180m。岩性为砂砾石、含卵砾砂、含砾粉细砂及含砾亚黏土等，磨圆度一般较好，分选性差。

（2）上更新统冰水—洪积物（Qp_3^{gl-pl}）。地表未见出露，埋藏在 34～83m 以下，岩性为含卵砂砾石、卵砾石、砾砂、含泥的砂砾石、中粗砂等，局部夹薄层粉细砂，松散，磨圆较好，分选性差，自南向北岩性逐渐变细。

（3）上更新统洪积物（Qp_3^{pl}）。在研究区西部出露地表，钻探揭露厚度为 34～77m，在洪积倾斜平原岩性为砂卵砾石、含卵石砾砂、含砾的粗砂等，一般含有少量的泥质（<5%），松散，磨圆度一般，分选性差。

（4）全新统冲积物（Qh^{al}）。全新统冲积物分布于河床中，岩性为卵砾石、砂砾石及砂层，松散，分选差，磨圆度一般较好，岩性具上游粗而下游细的分布规律。

（5）全新统冲洪积物（Qh^{al-pl}）。全新统冲洪积物分布在冲洪积平原上，岩性为含卵砂砾石、砂砾石、粉砂、亚黏土，砂砾石多沿现、古河道呈带状分布。

（6）全新统风积物（Qh^{eol}）。全新统风积物主要分布在洪积倾斜平原前缘，多呈北西向带状分布，岩性为中粗砂、细粉砂，分选性好，厚度小于 30m。

3.2.1.3　区域水文地质概况

山前冲洪积平原区为单一的松散岩类孔隙水。根据地下水的埋藏条件、水力性质可进一步分为松散岩类孔隙潜水、松散岩类孔隙承压水两种类型（图 3.3）。

（1）潜水。此含水岩组主要分布于山前冲洪积扇的戈壁砾石带。含水层岩性为上更新统冲洪积、冰水-洪积的含卵砂砾石、含泥卵砾石、砂砾石、含砾中粗砂等。根据勘探资料，含水层厚度在山前冲洪积扇后缘厚 20m 左右，中部含水层厚度 140m 左右，前缘大于 165m。从南到北，水位埋深由出山口处的大于 100m 到冲洪积扇前缘的不足 10m。含水层颗粒粗大、径流条件好、富水性较强。

（2）承压水。位于冲洪积倾斜平原前缘，由于该地段地形平坦，植物茂盛，又称

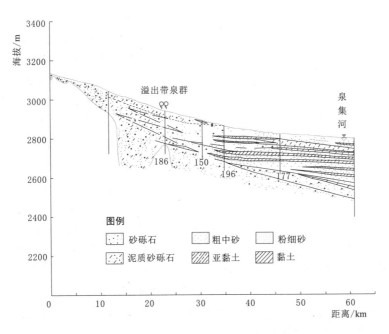

图 3.3 区域含水层结构示意图

细土绿洲带。依据以往勘探成果资料，300.51m 以浅揭露至承压含水层（组）。其岩性为上更新统的砂砾石、含砾砂层，松散，部分层位含泥质，单层厚度 30~50m。隔水层为亚黏土、黏土等，厚 3~8m。含水层富水性较好，但自南而北有逐渐变弱的趋势。

工作区处在山前平原的大厚度潜水区，是地下水的径流区；其南部基岩山区为地下水的补给区；北部细土平原带为地下水的径流排泄区。

主要补给因素包括：①河流渗漏补给——山区河流出山口后垂直渗漏是山前倾斜平原地下水主要补给来源；②基岩裂隙水侧向补给——基岩裂隙水多以侧向隐蔽的形式补给松散岩类孔隙水。

地下水的径流主要受地形、坡降和岩性结构的影响，山前倾斜平原地形坡度大（约 10‰），含水介质颗粒粗大，结构松散，透水性强，地下水埋藏深。地下水径流方向由南向北方向，向盆地中心径流，水力坡度 2‰ 左右，径流通畅。进入细土平原带后，由于地形坡降变小（约 5‰），含水介质颗粒变细，并呈现多层结构，地下水埋藏浅，径流缓慢。一部分地下水溢出地表；另一部分以地下径流的形式向北运移。

山前平原戈壁带及细土带后缘地下水埋藏深（10~100m），地下水以向下游径流为主，戈壁带植被稀少，植物蒸腾与地下蒸发量较小；细土带前缘以北，水位埋深较小，主要排泄方式有泉溢出、季节性片状溢出、地面蒸发和植物蒸腾等；而深部地下水继续向下径流补给下游地下水；区内同时有集中供水水源地一座，开发利用量为 0.45 万 m³/d。

3.2.1.4 水文地质概念模型

（1）模拟区范围。本次地下水数值模拟计算区范围如图 3.4 所示，西南部边

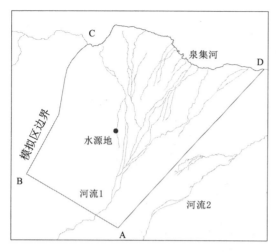

图 3.4　地下水数值模拟计算区范围

界（AB）为山区与平原交界处，西部（BC）以河流补给的影响带为边界，北边界（CD）为泉集河，东南边界（AD）以两地表河流中间线为界；在剖面上，参考已有的物探资料并以推测的第四系底板为模型底部边界，整体模拟区域为一相对完整的水文地质单元。

（2）边界条件概化。潜水含水层的西部（BC）以河流补给影响带边界为界，为隔水边界；东南部（AD）以地表河流中间线为界，为流量边界，利用大区域尺度地下水流数值模拟模型计算该边界处的水量交换量；北部（CD）泉集河为已知水位的第一类边界，河流水位近似采用河道地表高程表示；南部边界（AB）为流量边界。

潜水含水层之下为承压含水层，其南部、西部与东部边界均为隔水边界；北部边界为通用水头边界，边界水位为地表水体排泄终端（尾闾湖），湖水面平均高程约为2690m，模拟区北部边界与尾闾湖距离约为58km。

模型顶部为潜水面边界，接受少量大气降水补给，同时以垂直蒸发的形式排泄；模型底部有相对隔水的基岩，概化为隔水边界。

（3）含水层特征概化。将含水层概化为非均质各向同性含水层。

（4）水力特征概化。研究区潜水的天然水力坡度为 $2 \times 10^{-3} \sim 1 \times 10^{-2}$，流场相对较为平缓，整个渗流区域地下水的运动特征为三维非稳定状态。

3.2.1.5　数学模型

根据水文地质概念模型，地下水流数学模型建立如下：

$$\begin{cases} \dfrac{\partial}{\partial x}\left(K_x \dfrac{\partial h}{\partial x}\right) + \dfrac{\partial}{\partial y}\left(K_y \dfrac{\partial h}{\partial y}\right) + \dfrac{\partial}{\partial z}\left(K_z \dfrac{\partial h}{\partial z}\right) = S_s \dfrac{\partial h}{\partial t} & (x,y,z) \in \Omega \\ h(x,y,z)|_{t=0} = h_0(x,y,z) & (x,y,z) \in \Omega \\ h(x,y,z,t)|_{\Gamma_1} = h_1(x,y,z,t) & (x,y,z) \in \Gamma_1 \\ K_n \dfrac{\partial h}{\partial \boldsymbol{n}}|_{\Gamma_2} = q(x,y,z,t) & (x,y,z) \in \Gamma_2 \end{cases} \quad (3.1)$$

式中：Ω 为渗流区域；h 为地下水位标高，m；K_x，K_y，K_z 为 x，y，z 方向上的渗透系数，m/d；K_n 为边界面法向方向的渗透系数，m/d；S_s 为自由面以下含水层的单位储水系数，m^{-1}；Γ_1、Γ_2 为渗流区的第一类、二类边界；$q(x，y，z，t)$ 为定义的含水层二类边界单位面积流量，流入为正，流出为负，隔水边界为零，$m^3/(m^2 \cdot d)$。

3.2.2 高程数据的准备

地下水流数值模拟工作中，涉及含水层顶（底）板高程、初始地下水流场等一系列高程数据。但在实际水文地质勘察成果中，来源于钻孔、监测井的高程和水位数据量往往较少，无法覆盖研究区域，常需要进行一定程度的插值外推。虽然一般的商业地下水数值模拟软件提供了插值程序，但建议最好提前对原始数据进行插值处理，观察和判断插值结果是否合理，并对出现的异常数据或结果进行修正，以免在模型运行过程中出现其他问题。

对有限数据进行插值的常用商业工具软件是美国 Golden Software 公司的 Surfer，其最主要功能是绘制等值线图，包括平面图、矢量图、影像图、线框图等形式，此外，还具有一定的计算功能，例如计算区域面积、曲顶柱体的体积等。下面简单介绍利用 Surfer 制作地下水数值模拟所需各种高程数据文件的方法。

3.2.2.1 观测点分布图（视频 3.1）

在做等值线图之前，需要了解观测点的数量与分布状况，分析哪些区域缺乏实测数据以及可能产生的不确定性。

视频 3.1
数据插值

（1）打开 Surfer 软件，点击"地图（M）——基面图（B）"，选择底图 sitemap.dxf，将底图导入。

（2）点击"地图（M）——张贴图（P）——新建张贴图（N）"，选择所需要的实测数据（例如初始水位，"数值模拟数据——基础数据——初始水位.xls"）。

（3）在"初始水位"张贴图上点击右键，选择"属性"，在"常规"选项中可以调整数据点标志，在"标注"选择数据点标注以及标注的格式。

（4）点击"编辑（E）——全选（A）"，选中底图以及张贴图。

（5）点击"地图（M）——覆盖地图（O）"，将底图与张贴图合并在一起（图 3.5）。

从图 3.5 中可以看出，用于制作初始地下水位图的观测点分布在整个研究区以及区外一定范围内。但在该项目的实际工作中，地下水位观测井数量并不多，且分布范围有限，根据有限的数据点根本无法绘制合理的地下水流场图。因此，结合不同时期的地下水观测资料、泉水出露位置、区域地下水流场特征等信息，增加了一系列的辅助点，形成了现在的地下水位观测点分布图。

根据上述方法，大家可以分别查看地表高程、各含水层高程的数据点分布状况。应注意，Surfer 虽然具有良好的数据分析功能，但其前提应具有足够的数据点数量、合理的数据分布，初始图件制作之后，务必要分析所做图件是否合理、可靠。

3.2.2.2 初始地下水位分布图

本次以初始地下水位分布图为例，介绍等值线图的制作过程。

（1）网格化数据：点击"网格（G）——数据（D）"，选择"地下水数值模拟数据——基础数据——初始地下水位.xls"，按弹出框设置 x、y、z 数据列、网格化方法、输出文件名称及位置等选项并确定，此步骤是将有限的观测数据按一定规律进行离散，构成制作初始地下水位的数据集"初始地下水位.grd"。这个文件可以作为 MODFLOW 模型的初始水位输入文件，并不需要后续的处理。

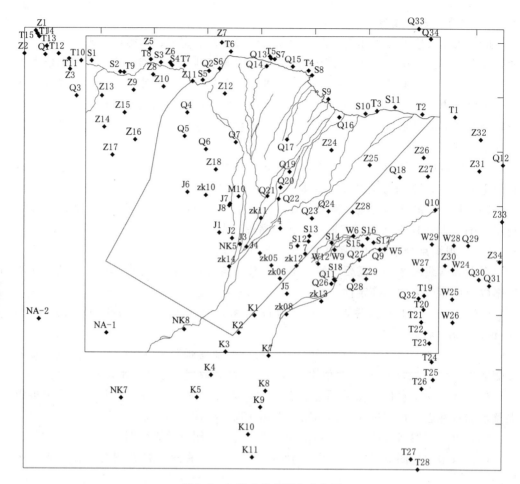

图 3.5 初始水位观测点分布图

点击"网格（G）——网格节点编辑器（G）"，选择"初始地下水位.grd"，可以查看和编辑网格数据。

（2）导入底图（可选）：点击"地图（M）——基面图（B）"，可以导入底图sitemap.dxf。

（3）生成等值线图：点击"地图（M）——等值线图（C）——新建等值线图（C）"，选择"初始水位.grd"。

（4）合并底图与等值线图：点击"编辑（E）——全选（A）"，选中底图以及张贴图，点击"地图（M）——覆盖地图（O）"，将底图与张贴图合并在一起，但此时大家会发现，底图与生成的等值线图范围并不一致（图 3.6），以下的步骤是如何将底图范围外的等值线去掉，生成一幅可以插入报告的图件。

（5）生成边界文件并修改：首先点击选中图件，点击"地图（M）——数字化（D）"，光标会变成"十"字，沿数值模拟边界线点击（将边界曲线数字化），每次点击的坐标会自动记录在屏幕窗口的"digit.bln"文件中，点击结束后将文件另存为"边界.bln"，关闭"边界.bln"窗口。之后，点击"文件（F）——打开（O）"，选择"边界.bln"并打开，第一行第一列的数据是边界文件点的个数，第一行第二列"1"表示将此边界内部的数据进行空白，将"1"改成"0"，表示将边界外部的数据进行空白处理，修改后保存，关闭"边界.bln"文件。

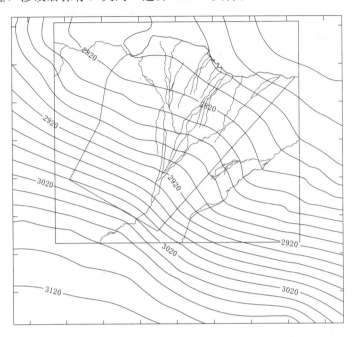

图 3.6 初始水位等值线图（中间过程图）

（6）拆解覆盖：返回到图 3.6 所示页面，在图上点击右键，选择"拆解覆盖"，并删除范围较大的等值线图，只保留底图（也可重新新建文件，并导入底图）。

（7）对等值线数据进行白化处理：点击"网格（G）——白化（B）"，在弹出对话框中选择需要进行处理的等值线文件"初始水位.grd"，点击打开，选择白化文件"边界.bln"，输入处理过的等值线文件名称和保存位置"初始水位1.grd"，窗口弹出成功信息。

（8）加载等值线：点击"地图（M）——等值线图（C）——新建等值线图（N）"，选择"初始水位1.grd"。

（9）合并底图和等值线图：点击"编辑（E）——全选（A）"，选中底图以及张贴图，点击"地图（M）——覆盖地图（O）"，将底图与张贴图合并在一起（图 3.7）。

（10）后处理：可以对等值线图的间隔、标注、颜色填充等进行处理、润色；也可添加文字、图形，还

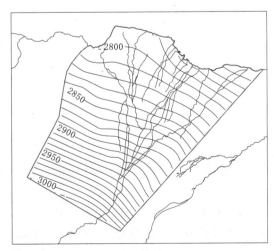

图 3.7 初始水位等值线图

可进一步制作成线框图、表面图、矢量图等，使等值线图更直观、形象。

地下水位等值线图制作完成后需要检查图形的合理性（视频 3.2）。

视频 3.2
插值结果
分析

3.2.2.3　其他高程文件

上面制作的是潜水初始流场数据，本次地下水数值模拟模型还需要用承压水初始流场、地表高程、潜水含水层底板高程、承压含水层底板高程数据，大家可以根据上述方法自行处理。在此，我们仅需要得到各高程的网格文件（＊.grd）即可，不必进行白化、润色等处理。

3.2.3　模拟软件选择

从 20 世纪 70 年代初开始，地下水模型的开发和应用一直是美国地质调查局（USGS）水文研究的一个重要组成部分。USGS 至今已经开发出了一系列计算机模型来模拟饱和的和非饱和的地下水流、溶质运移和化学反应。其中应用最广泛的是 MODFLOW 模型，它利用有限差分法模拟三维地下水流（Harbaugh，2005）。尽管最初的设想是将 MODFLOW 作为一种地下水流模型，但其模块化结构为结合其他模拟性能提供了一个稳健的结构，这无疑拓展了 MODFLOW 最初的设计理念。目前，与 MODFLOW 相关的模型系列能够模拟耦合的地下水和地表水系统、溶质运移、非饱和流、参数估计和地下水管理（GWM）（优化模型）。

在 MODFLOW 核心程序的基础上，加拿大 Waterloo 水文地质公司应用现代可视化技术开发研制了 Visual MODFLOW 软件系统。该软件具有地理信息系统数据接口、能自动产生各种单元网格、空间参数区域化、采用快速精确的数值算法和友好的人机对话界面等特点，使用户可以高效、高质量地完成地下水流模拟工作。本次采用 Visual MODFLOW 软件对数学模型进行求解。

本书所提供的数据能够满足建模需要，但商业软件 Visual MODFLOW 版本不同，操作过程将有所差异，需参考软件自带说明书或帮助文件。

3.2.4　模型识别

3.2.4.1　创建文件及模型离散（视频 3.3）

打开 MODFLOW 主界面，点击"File——New"，选择文件储存位置，选择或新建文件夹，命名数值模型文件名，点击确定，按弹出窗口进行下一步的设置。

视频 3.3
模型创建

（1）Select Numeric Engines（选择模型程序）. 如图 3.8 所示，注意将长度单位、时间单位统一，点击下一步（Next）。

（2）Enter default parameter values（输入默认参数），如图 3.9 所示，此处可不进行修改，点击下一步（Next）。

（3）Creating the Model Grid（创建模型网格），如图 3.10 所示，此步骤即为空间离散的设置。在点击"Import a site map"前的空白框，点击"Browse"选择模型底图"Sitemap.dxf"，根据底图空间尺寸，按每个单元 $1km^2$ 计算，设置模型空间离散参数：66 列、58 行、2 层，层最小标高 0m，最大标高 3000m，点击"Finish"，弹出图 3.11 所示的窗口，点击上方工具条的最大化，使模型网格覆盖底图全部区域，点击"OK"，完成网格创建，进入 MODFLOW 的 INPUT 模块，如图 3.12 所示。

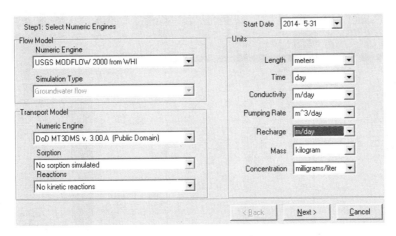

图 3.8 选择模型程序

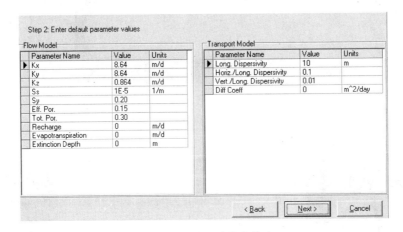

图 3.9 输入默认参数

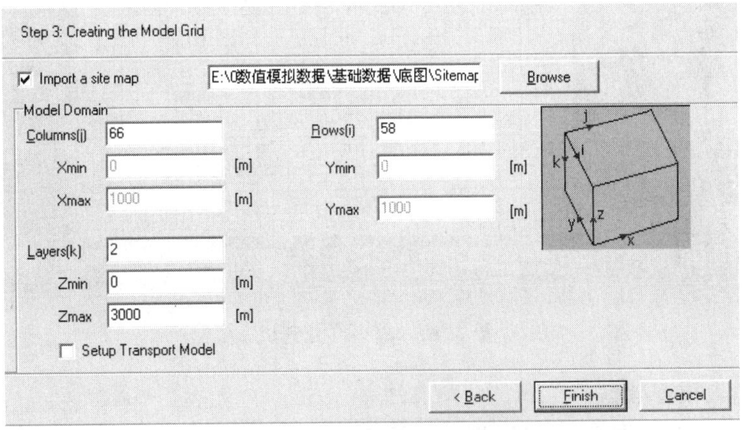

Step 3: Creating the Model Grid

☑ Import a site map   E:\0数值模拟数据\基础数据\底图\Sitemap   Browse

Model Domain

Columns(j) 66   Rows(i) 58

Xmin 0   [m]   Ymin 0   [m]

Xmax 1000   [m]   Ymax 1000   [m]

Layers(k) 2

Zmin 0   [m]

Zmax 3000   [m]

☐ Setup Transport Model

< Back   Finish   Cancel

图 3.10 创建模型网格

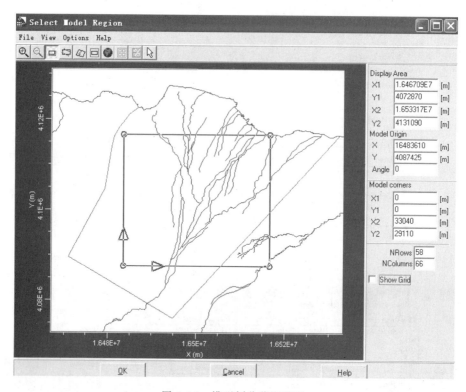

图 3.11　模型剖分范围设置

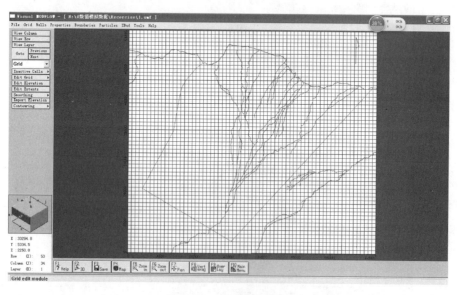

图 3.12　模型剖分完成

视频 3.4
计算区
划分

3.2.4.2　输入模型数据

此部分功能全部在"Input"模块内操作。

（1）刻画计算区域（视频 3.4）。利用"Gid - Inactive Cells - Mark Poly. Inactive（或

Mark Single)"定义计算单元和非计算单元，以此刻画计算区域（图 3.13）；并利用"Inactive Cells – Copy Polygon"命令将第一层的计算区域刻画结果复制到第二层。

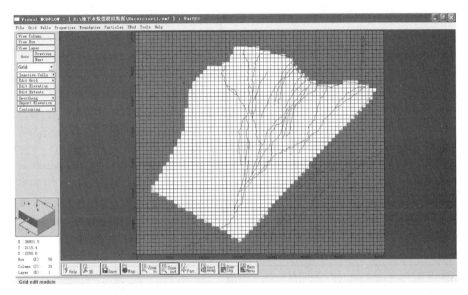

图 3.13　模型计算区域刻画

（2）调整网格数据。利用"Grid – Edit Grid"对行、列、层的剖分进行调整，可根据需要对网格进行加密、减疏等操作；

利用"Import Elevation"导入准备好的含水层顶、底板高程（地下水数值模拟数据-基础数据-高程，选择相应数据）。在导入高程数据前，顶、底板高程均为初始剖分时的设定值（图 3.14），导入高程数据后，每个单元均被赋特定的顶、底板高程（图 3.15，视频 3.5）。

视频 3.5
高程输入

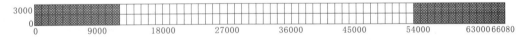

图 3.14　高程数据导入前的含水层空间分布特征

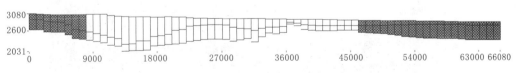

图 3.15　高程数据导入后的含水层空间分布特征

视频 3.6
3D 展示

可通过 3D 的展示功能，查看含水层的三维结构特征（视频 3.6）。

（3）设置含水层参数分区。研究区的含水层水文地质参数分区如图 3.16、图 3.17 所示，具体区域的参数值根据抽水试验结果得出（表 3.2、表 3.3）。

1）导入参数分区底图：点击功能键"F4 – Map"，导入"地下水数值模拟数据—基础数据—参数分区图—Parameter.dxf"（视频 3.7）。

视频 3.7
参数分区 K

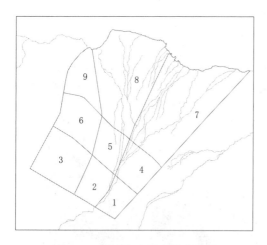

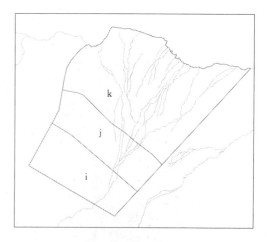

图 3.16　潜水含水层参数分区图 　　　　图 3.17　承压含水层参数分区图
（图中数字为分区编号）　　　　　　　　　（图中数字为分区编号）

表 3.2　　　　　　　　　　　含水层分区渗透系数初值

参数分区	1	2	3	4	5	6	7	8	9
潜水含水层/(m/d)	40	60	10	35	50	8	30	50	15
承压含水层/(m/d)	16	13	8	—	—	—	—	—	—

表 3.3　　　　　　　　　含水层给水度及弹性储水率分区初值

参数分区	1	2	3	4	5	6	7	8	9
潜水含水层给水度（无量纲）	0.16	0.25	0.15	0.2	0.25	0.1	0.12	0.11	0.15
承压含水层弹性储水率/(m^{-1})	0.00015	0.0002	0.00025	—	—	—	—	—	—

　　2）利用"Property—Conductivity—Assign"分别设置潜水和承压含水层的渗透系数参数分区，如图 3.18 所示。

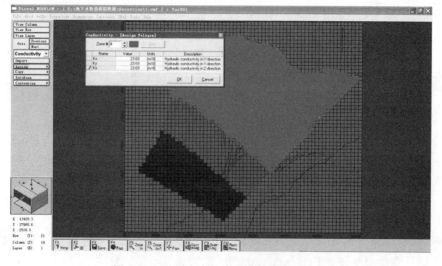

图 3.18　承压含水层渗透系数分区示意图

3）点击"Property—Storage—Copy—Distrib"，则可直接将渗透系数的参数分区复制为给水度（弹性储水率）的参数分区，再点击"Database"可直接将各分区的默认值修改为初值（视频 3.8）。

（4）导入初始地下水位（视频 3.9）。点击"Property—Initial heads—Import"，选择"地下水数值模拟数据—识别数据—初始水位"中的相应文件，分别导入潜水含水层初始地下水位以及承压含水层初始地下水位（图 3.19）。

视频 3.8
参数分区 u

视频 3.9
初始地下
水位

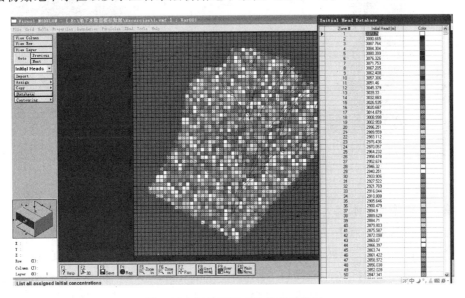

图 3.19　初始地下水位分布示意图

（5）设置边界条件。潜水含水层北部边界泉集河处为一类边界，点击"Boundary - Constant Head（CHD）—Assign—Line"，沿泉集河分布单元点击，结束后点右键弹出对话框，选择"linear gradient"，输入起止时间以及起止点的边界水位（图 3.20），则其间水位将自动采用线性插值方法赋值（视频 3.10）。

潜水含水层东、西边界为隔水边界，不用赋值；南部边界为流量补给边界，以注水井的方式赋值，在"Well"模块内实现（视频 3.11）。

冲洪积扇的前缘地带有大面积的泉群、沼泽出露，交通条件极为恶劣，无法调查，根据遥感影像分析，本区存在多级次溢出带，泉水出露极为广泛，故此采用排水渠方式模拟泉排泄效果。点击"Boundary—Drain—Assign—Polygon"，将潜水溢出带范围圈闭，右键结束后填写对话框，设置排泄高程为"$bot+$dz"，表示排泄高程位于各单元上表面（视频 3.12）。

承压含水层东、南、西三面边界均为隔水边界，不用赋值（MODFlow 的默认边界类型即为隔水边界）。北部边界为通用水头边界，用"Boundary—General Head—Assign—Line"沿承压含水层计算区边界点击，右键结束，设置边界水位，计算边界到排泄终端距离以及其间含水层的渗透系数。则计算区内的地下水与尾闾湖之间的水量交换将由达西定律进行计算，其交换量随区内地下水位变化而自动调整（视频 3.13）。

视频 3.10
水位边界

视频 3.11
补给边界

视频 3.12
排水边界

视频 3.13
GHB边界

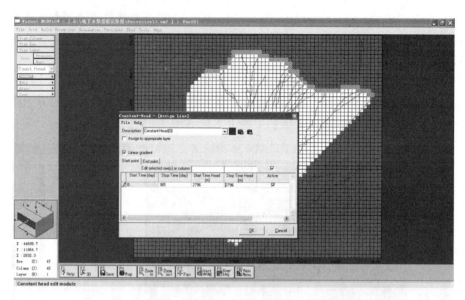

图 3.20　边界水位赋值示意图

　　输入补给条件：本区大气降水稀少，大气降水入渗补给量在本次模拟中忽略。

　　输入蒸发条件：点击"Boundary—Evaptranspiration"，在弹出框中输入默认值，进入设置界面，点击"Assign—Polygon"将全部计算区选中，右键结束后弹出赋值对话框，此时可在数据文件中找到"Evaptranspiration.TXT"打开，并将数据复制，返回蒸发赋值对话框，点击粘贴图标，则粘贴板上的数据自动复制进来，选择相对时间（Relative time）、蒸发强度（Evaptranspiration）、极限蒸发深度（Extinction depth）选项对应的数据列（图 3.21，视频 3.14）。

视频 3.14
蒸发

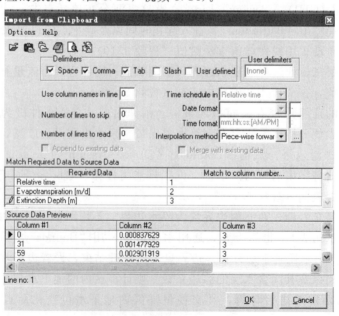

图 3.21　蒸发数据导入示意图

（6）设置源汇项（视频 3.15）。输入水源地开采量。由于水源地分布在一个单元范围内，因此将水源地所有井概化为一口大井，开采量为水源地开采总量。点击"Wells—Pumping wells—Import wells"，在"识别数据—源汇项"中找到"水源地.txt"文件导入，按弹出框选择各项井参数所对应的输入数据列（图 3.22），注意在 line range 中可能需要指定列的注释名称行，即指定"Use column names in line"的行号（本例中，在导入文件第一行标注了每列数据的名称，故赋值为 1）。当井点数据量很少时，可以采用"Add well"的方法直接添加相应信息。

视频 3.15
源汇项

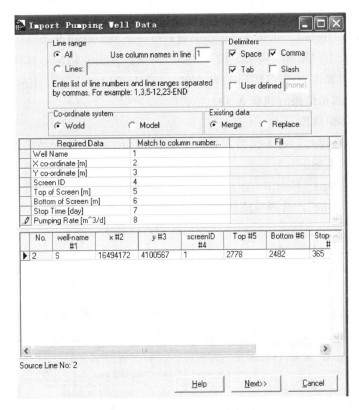

图 3.22 井数据导入示意图

输入潜水含水层南部边界补给量。由于 Visual MODFLOW 中没有流量补给边界模块，因此，边界补给量的输入采用井的形式添加（补给边界为注水井，抽水量为正值；排泄边界采用抽水井表达，抽水量为负值）。点击菜单栏"Well—Import wells"，在"识别数据—源汇项"中找到"潜水南部边界.txt"文件导入，按弹出框选择各项井参数所对应的输入数据列。

输入河流补给量。与前述方法类似，点击菜单栏"Well—Import wells"，在"识别数据—源汇项"中找到"河流补给量.txt"文件导入，按弹出框选择各项井参数所对应的输入数据列。

井数据导入后，可以进行查看或编辑（Edit well）、删除（Delete well）、复制（Copy well）、移动（Move well）等一系列操作。

视频3.16
观测水位

视频3.17
模型运行

视频3.18
模型识别

（7）导入水位观测数据（视频3.16）。点击"Pump—Head Observation wells—Import Obs."，选择"识别数据—观测水位—观测水位.xls"，按弹出对话框设置对应数据列，完成观测水位数据的导入。

3.2.4.3　设置运行参数（视频3.17）

（1）点击功能键"F10-Main menue"，返回主界面。

（2）点击"Run"，进入运行参数设置模块。

（3）选择地下水流模拟类型：非稳定流（Transient flow）。

（4）在 MODFFLOW 2000 的菜单下，设置时间步长（Time steps）、初始水位赋值选项（Initial Heads）、求解方法（Solver）等一系列参数的设置。

（5）再次点击"Run"模块下的"Run"菜单，弹出对话框，选择需要运行的程序，本实例中需要选中"MODFLOW 2000"，点击"Translate & Run"，开始运行。

3.2.4.4　分析模拟结果（视频3.18）

（1）显示等值线图。

1）退出运行界面，进入模型主菜单，点击"Output"，进入结果输出选模块，并自动显示地下水流场。

2）点击"Maps—Conturing maps"，可以选择显示不同类型的等值线图。

3）点击"Time"，选择等值线的输出时间；

4）通过"Option"选项，对不同等值线图进行显示设置。

（2）查看水位拟合状况。

1）点击"Graphs—Calibration—Head"，点击左侧工具栏选项"Show all times"显示不同时刻计算水位与观测水位的拟合状况（图3.23），图中横坐标为观测水位，纵坐标为计算水位，二者拟合程度越高，则点所在位置越接近图中45°线。

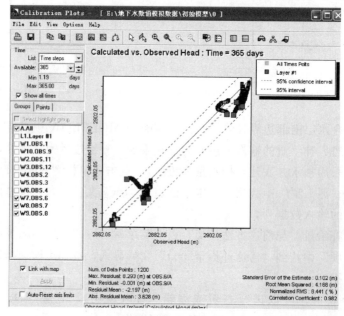

图3.23　计算水位与观测水位拟合状态（所有时刻）

2）点击"Graphs—Time seriers—Head"，可以显示不同观测点计算水位与观测水位随时间的拟合状况（图3.24）。

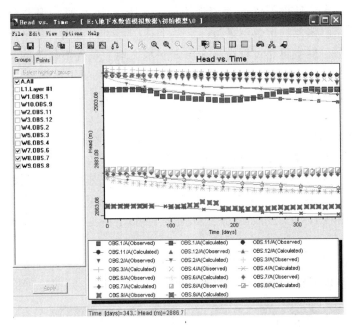

图3.24　计算水位与观测水位动态拟合示意图

3）点击"Graphs—Time seriers—Head"工具栏中的"View—Residual distribution"，并点击左侧工具栏中的"Show all times"查看计算过程中的误差分布状态（图3.25）。

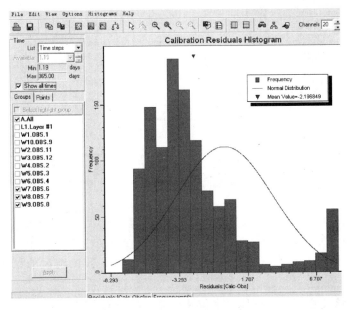

图3.25　拟合误差分布状态

从图 3.23 看，在初始时刻各观测点的水位计算值与观测值是基本一致的，但随着时间推移，误差累积持续加大，拟合点偏离情况愈发严重；从图 3.24 也可看出同样的问题，地下水位计算值逐渐偏离观测值；从图 3.25 可见，误差分布偏离了正态分布形态，计算值偏低的次数明显过高。从上述图形可以看出：地下水位的拟合情况并不理想，表明在模型建立过程中存在与真实水文地质条件不相符的情况，需要进行一定的调整。在假设水文地质概念模型、数学模型以及源汇项统计数据正确的前提下，模拟结果受水文地质参数的影响最大，因此，往往首先通过调整水文地质参数来改善模拟结果。

3.2.4.5　参数识别

通过查看水位拟合情况，分析计算水位与观测水位的拟合状况，如果水位拟合状况不理想，则要通过调整水文地质参数，使模拟效果变好，这个过程称为参数识别，有时也简称为"调参"。手动调参的具体方法：返回到输入（Input）模块，点击"Property—Conductivity（Storage）—Database"，可直接修改各分区参数值。

参数值修改后，再重新运行模型，查看和分析模拟结果，直到达到理想状态。通过对本实例的参数调整，最终得到的水位拟合效果如图 3.26～图 3.28 所示。

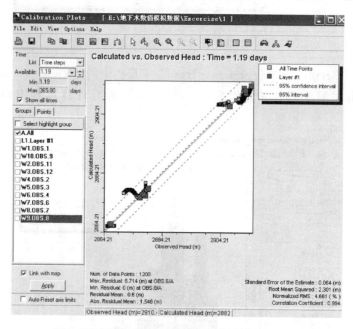

图 3.26　计算水位与观测水位所有时刻拟合情况图

由图 3.26～图 3.28 分析，通过调整水文地质参数后，模拟水位与观测水位在动态变化趋势上趋于一致，误差分布状态更加合理，参数识别后的结果见表 3.4 和表 3.5。

但同时应该注意到，本例地下水位计算值与观测值之间的拟合精度并不高，模型操作者要对模型精度和可靠性有清醒的认识：①研究区域面积大，但观测井数量少，

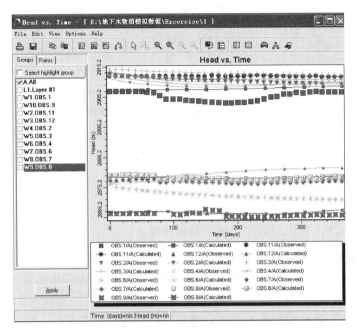

图 3.27 计算水位与观测水位动态拟合图

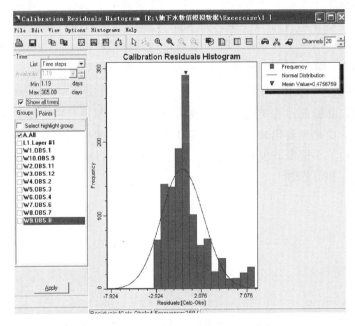

图 3.28 计算水位与观测水位误差分布图

且分布区域集中，很多参数区内没有观测井；②研究区域初始地下水流场是在实测数据基础上，结合了不同渠道的收集数据推测绘制出来；③溢出带大量泉群流量无法实地调查，源汇项存在较大不确定性。因此，在上述因素作用下，目前模型的可靠性较低，在这种情况下，一味追求拟合效果并没有太大实际意义。然而，地下水数值模

表 3.4　含水层分区渗透系数识别值

参数分区	1	2	3	4	5	6	7	8	9
潜水含水层/(m/d)	50	60	5	30	10	5	5	5	20
承压含水层/(m/d)	10	5	1	—	—	—	—	—	—

表 3.5　含水层给水度及弹性贮水率分区初值

参 数 分 区	1	2	3	4	5	6	7	8	9
潜水含水层给水度（无量纲）	0.15	0.18	0.10	0.20	0.10	0.20	0.10	0.10	0.10
承压含水层弹性储水率/(m^{-1})	0.0001	0.0002	0.0001	—	—	—	—	—	—

拟模型是集合了所有水文地质勘察资料后，对区域地下水运动规律所给出的一种解释，其可靠性取决于现阶段的水文地质勘察程度。

3.2.5　模型验证

视频 3.19
模型验证

打开识别模型 1. vmf，另存为验证模型 2. vmf。参照识别模型数据的输入过程，输入验证时段的模型数据，运行、分析结果（视频 3.19）。注意如下事项。

（1）不能修改参数分区及参数值，必须保持其与识别模型相一致。

（2）模型初始流场、边界条件、源汇项等其他数据必须更新为验证时段数据。

分析验证模型结果，如在可接受范围内，则认为所建立的水文地质概念模型、数学模型及模型参数等是符合实际水文地质条件的，可以利用此模型开展预测分析工作。如果验证模型结果不理想，则需要重新返回到识别阶段，甚至返回到水文地质概念模型概化阶段，查找原因，重新调整识别模型，并重新验证。

3.2.6　模型预报

与模型识别和验证过程类似，模型预报前，需要将预报时段的初始流场、边界条件以及源汇项的变化预测出来，并输入模型，结合不同的预报方案进行预报。可假设相关条件以及地下水资源开发利用方案，尝试运行预报过程，并分析哪些因素影响预报结果的合理性和可靠性。

第4章
地下水数值模型反演

第 4 章课件

对于水文地质问题来说，前面几章中所讨论的根据研究区的范围、结构、参数及定解条件，预测水头、浓度及温度等问题均属于典型的正演问题。而如果已知了地下水的动态观测资料或野外试验资料，需要：①推求源汇项；②检验所选方程类型是否恰当；③求方程中的水文地质参数；④校正边界条件。以上这些则属于典型的反演问题。本章将扼要地对反演问题的基本概念及水文地质参数反演问题的一些常用方法进行介绍。

4.1 反演问题概述

4.1.1 反演问题的必要性

当用数值法对地下水运动进行模拟时，所建立的数学模型应该能够客观地反映实际含水层系统的水文地质条件和地下水运动的基本特征。也就是说，当施加自然的或者人为的影响时，数学模型的反应和实际含水层的反应应当能够一致或者非常接近。前面章节中我们曾提到在地下水数值模拟的过程中需要对所建立的模型进行识别和验证，即通过已建立的模型对正演问题进行求解，得到不同观测孔在不同时刻的水头，然后将计算值与实测值进行对比，看误差是否足够小，如果相差过大，就要修改模型即修改微分方程（通常是修改水文地质参数）及边界条件，重新解正演问题，重复以上过程，直到获得满意的结果。实际上这就是求解反演问题的过程。只有经过识别、验证，证明所建立的模型是符合实际的，才能根据需要通过解正演问题来进行预报（水位、污染物浓度、温度等），并在此基础上进行地下水资源评价、寻找最佳开发利用方案，预测污染物的运移趋势、制定防治方案等。

在水文地质反演问题中，水文地质参数的反演是一个核心问题。本章我们主要对水文地质参数的反演问题进行介绍。一般情况下，我们不能直接将根据野外试验资料用解析法求得的水文地质参数用于数值计算的正演问题中。这是由于一方面地下水动力学中的解析公式的数学模型都有严格的假设条件（例如：均质各项同性、等厚侧向无限延伸，抽水前水力坡度为 0 等），实际情况下很难找到符合这些假设条件的含水层，因此解析法求得的参数与实际情况下出入较大；另一方面，抽水试验求得的水文地质参数只代表试验点附近的一个很小的区域。因此，直接应用试验资料求解得到的水文地质参数可能会带来较大的误差[22]。

从计算时间上来说，目前求解一个具体水量问题花在参数反演上的时间大约是花在预测上的时间的 10 倍甚至更多，即便如此，计算出的参数也不一定符合实际情况。因此，对数值模拟而言，反演问题与正演问题同样重要。经过几十年的研究，正演问题的求解方法比较成熟。而对于反演问题，虽然国内外很多学者在这方面进行了研究探讨，取得了很多进展，也有不少成功的算例，但是由于反演问题本身的复杂性，其理论和方法仍有待于进行深入的研究。

4.1.2　反演问题的适定性

若一个问题的解是存在的、唯一的且稳定的（当已知条件发生微小变化时，引起输出结果的变化也是微小的），则称该问题是适定的；若 3 个条件中有一个不满足，则称该问题是不适定的。一般来说，正演问题都是适定的，而反演问题往往是不适定的，这也是反演问题的难点所在。

对于实际的水文地质反演问题来说，解的存在性一般没有问题，下面对解的不唯一性和不稳定性进行讨论。

1. 反演问题解的不唯一性

当待求的参数过多，而观测得到的信息不够（欠定），不足以确定解的准确性质时，解虽然存在但是不唯一，有几个或者无穷多个。即不同的参数、源汇项、定解条件的组合可能会在某些观测孔处产生相同的水头。

以非均质的承压水一维稳定运动为例，设两端为一类边界条件，数学模型如下：

$$\begin{cases} \dfrac{\mathrm{d}}{\mathrm{d}x}\left(T\,\dfrac{\mathrm{d}H}{\mathrm{d}x}\right)=0 \quad (0{\leqslant}x{\leqslant}L) \\ H\big|_{x=0}=H_1 \\ H\big|_{x=L}=H_2 \end{cases} \tag{4.1}$$

现在如果已知水头 $H(x)$，求导水系数 $T(x)$。

解：将微分方程进行积分，得

$$T\,\frac{\mathrm{d}H}{\mathrm{d}x}=C, 即 \ T=C\Big/\frac{\mathrm{d}H}{\mathrm{d}x} \tag{4.2}$$

其中，$\dfrac{\partial H}{\partial x}$ 是已知的，但 C 是任意常数，C 不同，T 不同，故 T 的解在此时是不唯一的。

但若适当地补充一些条件，求得反演问题正确解的可能性还是存在的。如果在 $x=L$ 处，已知了流量 $T\dfrac{\partial H}{\partial x}\Big|_{x=L}=-q$，则式（4.2）中 $C=-q$，从而 T 便被唯一确定了。

2. 反演问题解的不稳定性

在收集的观测信息中不可避免地含有误差，观测信息的微小误差可能会对反演结果造成较大的误差。

仍然以承压水一维稳定运动为例，数学模型如下：

$$\begin{cases} \dfrac{\mathrm{d}}{\mathrm{d}x}\left(T\,\dfrac{\mathrm{d}H}{\mathrm{d}x}\right)=0 \\ H\big|_{x=0}=H_1 \\ T\,\dfrac{\partial H}{\partial x}\Big|_{x=L}=-q \end{cases} \tag{4.3}$$

已知研究区内水头分布，求导水系数 $T(x)$。

解：根据上一例题的求解可知：

$$T = -q / \frac{\partial H}{\partial x} \tag{4.4}$$

若实测水头有一个误差 $e(x)$，则水头观测值 $H^* = H + e$（H 是水头的真实值），则计算得到的导水系数为

$$T^* = -\frac{q}{\frac{\partial H}{\partial x} + \frac{\partial e}{\partial x}} \tag{4.5}$$

因此：

$$|T - T^*| = \left| \frac{-q \frac{\partial e}{\partial x}}{\frac{\partial H}{\partial x} \left(\frac{\partial H}{\partial x} + \frac{\partial e}{\partial x} \right)} \right| = \frac{T \left| \frac{\partial e}{\partial x} \right|}{\left| \frac{\partial H}{\partial x} + \frac{\partial e}{\partial x} \right|} \tag{4.6}$$

从数学上讲：虽然 e 很小，但其导数可能很大。当 $\frac{\partial e}{\partial x} \gg \frac{\partial H}{\partial x}$ 时，$|T - T^*| \approx T$，显然这是不符合实际的，说明在解反演问题时，水头 $H(x, y)$ 的微小误差就可能给解 $T(x, y)$ 带来很大的误差，解是不稳定的。

上面的例子说明水头的微小误差，很可能给水文地质参数的解带来很大的误差。如不采取一些特殊的措施，就不可能求得真实的参数。

综上所述，反演问题的解不一定是唯一的，也不一定是稳定的。但我们可以通过一些手段来缓解这个问题，例如，根据对水文地质条件的分析、判断及专家经验，对参数值的范围做出约束；通过灵敏度分析，减少待求参数的个数；增加观测信息等。通过以上手段的运用，使得反演问题的解在一定程度上是唯一的和稳定的。

4.2 反演问题的求解方法

根据正演计算方法，可以将反演问题的求解方法分为解析法和数值法。解析法是指用以泰斯公式为代表的解析公式求解水文地质参数的方法，具体又包括配线法、直线图解法等。数值法是指应用数值模型来求解水文地质参数的方法，具体又可以分为试估-校正法、最优化方法等。

根据求参使用的判别原则，可以将反演问题的求解方法分为直接求解法及间接求解法。间接求解法的求解思路是先假设一组水文地质参数初值，用正演法计算水头，将计算水头与实测水头对比，看二者拟合程度，又可以分为试估-校正法、最优化方法以及概率统计法等，间接法应用较为广泛。

4.2.1 直接求解法

直接解法就是从偏微分方程组或它的离散形式出发，把方程中的水头（或浓度、温度）的实测值作为已知量，把水文地质参数作为未知量直接求解的方法。具体方法有局部直接求逆法、数学规划法、能量衰减法、正则化法等。实际上，利用泰斯公式

等计算水文地质参数也属于一种直接求解方法。

直接求解方法由于计算上稳定性差、加之要求观测资料比较多，通常要求每个格点都要有水头的已知值，实际工作中很难提供这样多的足够精度的资料，所以在实际计算中很少应用。因此本书对这种方法不做过多介绍。

4.2.2　试估-校正法

试估-校正法是间接方法中原理最简单的一种方法。这种方法就是根据研究区水文地质条件和已有的抽水试验资料，初步确定一组参数值（包括渗透系数、储水系数、越流系数、边界补给量、弥散度等）；通过正演问题的求解，得到不同观测孔在不同时刻的水头（或浓度、温度），然后将计算值与实测值进行对比，看误差是否足够小，如果拟合得不好，则对给出的参数进行调整，再对正演问题进行计算；重复以上过程，直到拟合结果可以接受（图 4.1）。

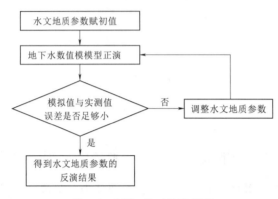

图 4.1　试估-校正法流程图

试估-校正法的优点是原理和思路比较简单，且只用到正演模型，不需要其他程序，可以充分发挥水文地质工作者对水文地质条件的认识和判断，加速拟合过程的进行（例如根据几组参数数据输入后的计算结果，有经验的水文地质人员有可能迅速做出判断，哪些数据需要调整，如何调整，是增大还是减少，增大、减少的量大致是多少才比较合适，而不必拘泥于固定的步长，也不必一起增大或减少，有可能某类数据要增大，而另一类数据需要适当减少）。

这种方法的缺点是通常没有一个严格的收敛准则，有一定的人为性，且很难达到最优的识别，费时比较长，尤其是需要反演的参数比较多时，更是如此。使用此方法得到的反演结果的可靠性和花费的时间往往取决于调参者的经验和技巧。这种方法一般用于前期的参数初步识别，当目标函数（误差）足够小、难以判别时再改用其他方法。

4.2.3　最优化方法

最优化方法就是将水文地质参数的反演识别问题转化为一个运筹学上的最优化问题来求解，即转化为一个以模拟值与实测值的误差在某种意义上最小为目标函数的最优化问题来求解。优化模型包括目标函数及约束条件两个组成部分。

以地下水量问题为例，目标函数通常有以下几种表达形式：

（1）误差平方和最小：

$$\min E = \sum_{i=1}^{m} \sum_{j=1}^{n} \left[H_{ij}^{s} - H_{ij}^{o} \right]^2 \tag{4.7}$$

式中：E 为误差平方和；H_{ij}^{s} 为第 i 个观测孔在第 j 个时刻的模拟水头值；H_{ij}^{o} 为第 i

个观测孔在第 j 个时刻的实测水头值；m 为观测孔的个数；n 为观测时段数。

（2）误差加权平方和最小：

$$\min E = \sum_{i=1}^{m} \sum_{j=1}^{n} w_{i,j} \left[H_{ij}^{s} - H_{ij}^{o} \right]^2 \tag{4.8}$$

式中：$w_{i,j}$ 为权重。

（3）误差绝对值之和最小：

$$\min E = \sum_{i=1}^{m} \sum_{j=1}^{n} \left| H_{ij}^{s} - H_{ij}^{o} \right| \tag{4.9}$$

除了上述目标函数之外，还要有一些约束条件。常用的有两个约束条件。

（1）由数值模型构成的等式约束，用来表示模拟水头与水文地质参数之间的关系：

$$H_{ij}^{s} = f(k_1, k_2, \cdots, k_N) \tag{4.10}$$

式中：k_1，k_2，$\cdots$，k_N 为待反演的 N 个参数。

（2）参数的取值范围约束：

$$\alpha_l \leqslant k_l \leqslant \beta_l \tag{4.11}$$

式中：α_l、β_l 为参数 k_l 取值的下限及上限。

将上述某一种目标函数与约束条件放在一起，就构成了水文地质参数反演问题的优化模型，从运筹学上来讲，这属于带有约束条件的非线性优化模型。通过对该优化模型的求解，即可得到水文地质参数的反演结果。

传统的方法包括逐个修正法、单纯形法、最速下降法、共轭梯度法、高斯-牛顿法和变尺度法等。近年来，很多智能优化算法也成功地应用于水文地质参数反演中，包括遗传算法、遗传规划、禁忌搜索算法、模拟退火算法、蚁群算法、粒子群优化算法等。本书只对逐个修正法、Nelder-Mead 单纯形法、遗传算法以及模拟退火算法进行简要介绍。

4.2.3.1 逐个修正法

逐个修正法的具体过程如下。

（1）给出一组参数初值 $(k_1^0, k_2^0, \cdots, k_N^0)$。

（2）把其余参数固定，对第一个参数用下面将要提到的单因素优选法在该参数的变化范围区间中优选出参数 k_1 的值，记为 k_1^1，于是得到参数的改进值 $(k_1^1, k_2^0, \cdots, k_N^0)$。

（3）在上述改进值中其余参数固定，只对第二个参数用单因素优选法在该参数的变化范围区间中优选出参数 k_2 的值，记为 k_2^1 的改进值 $(k_1^1, k_2^1, k_3^0, \cdots, k_N^0)$。重复这一过程直至全部参数都修改一遍，得到参数的改进值 $(k_1^1, k_2^1, \cdots, k_N^1)$。

（4）将 k_1^1，k_2^1，$\cdots$，k_N^1 代入求解误差的目标函数［例如式（4.8）］中，看是否满足收敛准则，即是否在给定的允许误差范围内。若满足要求，则此时参数的值即为参数的反演结果。否则，将上述参数值 k_1^1，k_2^1，$\cdots$，k_N^1 代替原来的 k_1^0，k_2^0，$\cdots$，k_N^0，返回第一步重新进行计算，直到获得满意的结果。

此法能在满足约束条件下逐步缩小 E 值，但收敛慢，只有参数不太多时才用这种方法。这种方法以单因素优选法（又称一维探索法）为基础。通常使用的单因素优选法为 0.618 法（黄金分割法）。下面介绍 0.618 法的原理。

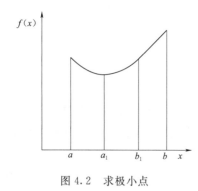

图 4.2　求极小点

0.618 法假设有一个函数 $y = f(x)$，具有单峰性，即在所考虑的区间内有唯一的极小点 $\overline{x}$。如何求出使 y 达到极小值的自变量 $\overline{x}$ 呢？设寻找的区间为 $[a, b]$，如在它的内部任取二点 a_1 和 b_1，且 $a_1 < b_1$。由此所得的 $f(a_1)$、$f(b_1)$ 有 3 种情况（图 4.2）：

①$f(a_1) < f(b_1)$，由于 $f(x)$ 的单峰性，极小点必在 $[a, b_1]$ 内。

②$f(a_1) > f(b_1)$，极小点必在 $[a_1, b]$ 内。

③$f(a_1) = f(b_1)$，可以纳入上面任一种情况处理。

上述 3 种情况，都将缩小搜索区间，搜索区间可缩小为 $[a, b_1]$ 或 $[a_1, b]$。比较点 a_1 和 b_1，怎样取才算最好呢？0.618 法就是按一定规则取比较点的常用方法。0.618 法按照下面的公式来选取比较点：

$$\begin{cases} a_1 = b - 0.618(b - a) \\ b_1 = a + 0.618(b - a) \end{cases} \tag{4.12}$$

从式（4.12）中可以看出 0.618 法名字的由来。

在情况①中，搜索区间缩小为 $[a, b_1]$，令 $b = b_1$，得到新的区间 $[a, b]$，新区间中已有一个点 a_1 算出了函数值 $f(a_1)$，将此比较点 a_1 作为新一轮的 b_1，函数值记为 $f(b_1)$，在新的区间中只要再取一个点算出它的函数值并和 $f(b_1)$ 进行比较，就可以进一步缩小寻找区间，新的比较点 a_1 根据式（4.12）中的第一个式子进行计算。

情况②中搜索区间缩小为 $[a_1, b]$，令 $a = a_1$，得到新的区间 $[a, b]$，新区间中已有一个点 b_1 算出了函数值，将此比较点 b_1 作为新一轮的 a_1，函数值记为 $f(a_1)$，在新的区间中只要再取一个点算出它的函数值并和 $f(a_1)$ 进行比较，就可以进一步缩小寻找区间，新的比较点 b_1 根据式（4.12）中的第二个式子进行计算。

情况③可以纳入上面情况①和情况②中任何一种进行处理。

重复前面比较，搜索空间将继续缩小，直到找到满足一定精度要求的极小值为止。

4.2.3.2　Nelder - Mead 单纯形法（单纯形搜索法）

Nelder - Mead 单纯形法是一种求多元函数局部最小值的算法，其优点是不需要函数可导并能较快收敛到局部最小值。这种方法与线性规划中的单纯形法是不同的，不要混淆。这里的"单纯形"指的是最简单的几何体。N 维空间中的单纯形，是由不处于同一个超平面上的 $(N+1)$ 个点生成的凸多面体。譬如，一维空间中的单纯形是一条直线，二维空间的单纯形是三角形，三维空间的单纯形是四面体，都是由 $(N+1)$ 个顶点构成的几何体。

单纯形搜索法的基本思想是：假设所求的极小值点是某个单纯形的一个顶点，现在从初始单纯形出发，直接比较各个顶点处的目标函数值，删去最坏的点，在通过反射、扩张、压缩等手段，找一个新顶点去替换数值最差的点。

构成新的单纯形，在新的单纯形中至少一个顶点的目标函数比原单纯形各个顶点目标函数中最小的还有所改进，这样逐步代换顶点，直至按照判定要求达到近似极小点。

下面以两个待求参数为例说明单纯形搜索法的基本原理。如要确定两个水文地质参数 k_1 和 k_2，如果在平面上取 k_1 和 k_2 为坐标轴，则每组参数为平面上的一个点。

（1）取三组参数（即平面上的3个点），这3个点不在同一直线上。

（2）排序：分别利用这三组参数去解正问题，求出目标函数在这3个点上的值。把这3个点中目标函数最大的一个点记为 p_H，最小的点记为 p_L，次大的点记为 p_G。和这些点对应的目标函数依次记为 E_H、E_L、E_G。$p_H p_L p_G$ 构成一个三角形，称为单纯形。我们的目标是求出使目标函数［例如式（4.8）］达到最小的那一组水文地质参数值。显然目标函数越小，说明这一组参数越"好"。

（3）反射：根据这3个点的"好""坏"情况，过 p_H 点并穿过其余二点 $p_G p_L$ 的中点 p_c 的方向显然是比较合适的寻找方向。为此在此方向上取点 p_R，p_R 称为 p_H 关于 p_c（p_c 实为除最坏点 p_H 外其余各点的形心）的反射点，这种做法称为反射。计算目标函数在 p_R 点的值，记为 E_R。

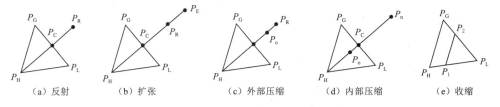

图4.3　Nelder‐Mead算法示意图

（4）扩张。若 $E_R < E_L$，说明反射的顶点的结果比现在的最好点的结果要好，如果朝着反射点方向进一步扩展则可以进一步改善结果，因此进行扩张操作。于是在 $p_H p_R$ 的延长线上取一点 p_E［图4.3（b）］。

如 $E_E < E_R$，说明扩张是成功的。就取 p_E 代替原来最差的点 p_H。如上式不成立，表示扩张没有成功，只好退回来用原来的点 p_R 代替原来最差的点 p_H。

（5）压缩。若 $E_R \geqslant E_L$，说明点 p_R 并不比点 p_L 好，前进得太远了，需要适当后退（压缩）。于是在 p_H 和 p_R 之间另取一个新点 p_o。比较 E_R、E_H、E_L，如果 $E_L \leqslant E_R < E_H$，进行外部压缩，在 p_c 和 p_E 之间选取一个点 p_o［图4.3（c）］；如果 $E_R \geqslant E_H$，执行内部压缩，在 p_H 和 p_c 之间选取一个点 p_o［图4.3（d）］。

如果 $E_o \leqslant E_R$，说明新的点至少与反射点效果一样，或者好于反射点，因此用 p_o 代替原来最差的点 p_H，并开始一次新的迭代。否则，这种情形下用 p_o 代替原来最差的点 p_H 将仍然是最差的点，情况不会有多大改善。因此不进行替换，而进行接下来的收缩操作。

（6）收缩。可以把原来的单纯形 $\{p_H, p_G, p_L\}$ 缩小，取三角形 p_H、p_G、p_L 的三边中 $p_H p_L$ 和 $p_G p_L$ 边的中点 p_1 和 p_2，把它们和 p_L 组成新的单纯形 $\{p_1, p_2,$

p_L}，这是除了最好的点 p_L 之外其他顶点都向最好的点进行了收缩 [图 4.3 (e)]。然后重新开始，重复上述过程。

上面是对于两个待求参数的求解步骤，对于一般情况，目标函数 $E(\boldsymbol{k})=E(k_1$，k_2，…，$k_N)$，$\boldsymbol{k}$ 是 N 维矢量，需要确定 N 个水文地质参数，根据上述单纯形法的基本思想，要给出 $N+1$ 组不同的水文地质参数，它们代表 $\boldsymbol{k}$ 所在的 N 维空间中的 $N+1$ 个点，即 $\boldsymbol{k}^{(0)}$、$\boldsymbol{k}^{(1)}$、$\boldsymbol{k}^{(2)}$、…、$\boldsymbol{k}^{(N)}$，并要求点 $\boldsymbol{k}^{(1)}$、$\boldsymbol{k}^{(2)}$、…、$\boldsymbol{k}^{(N)}$ 与点 $\boldsymbol{k}^{(0)}$ 的连线构成的矢量 $\boldsymbol{k}^{(1)}$ $\boldsymbol{k}^{(0)}$、$\boldsymbol{k}^{(2)}$ $\boldsymbol{k}^{(0)}$、…、$\boldsymbol{k}^{(n)}$ $\boldsymbol{k}^{(0)}$ 线性独立。这就是说，在平面上取不同在一条直线上的 3 个点能构成单纯形（三角形，$n=2$），在三维空间中取不同在一平面上的 4 个点能构成单纯形（四面体，$n=3$），…。怎样取这些点才能满足上述要求呢？可以这样来取：

$$\begin{cases} \boldsymbol{k}^{(0)}=(k_1^0,k_2^0,\cdots,k_N^0) \\ \boldsymbol{k}^{(1)}=(k_1^0+\Delta k_1,k_2^0,\cdots,k_N^0) \\ \vdots \\ \boldsymbol{k}^{(i)}=(k_1^0,k_2^0,\cdots,k_i^0+\Delta k_i,k_{i+1}^0,\cdots,k_N^0) \\ \vdots \\ \boldsymbol{k}^{(N)}=(k_1^0,k_2^0,\cdots,k_N^0+\Delta k_N) \end{cases} \tag{4.13}$$

也即以 $\boldsymbol{k}^{(0)}$ 为坐标原点，在各个坐标轴分别取步长 $\Delta k_i(i=1,2,\cdots,N)$ 则可得到 N 个点，然后按下列步骤进行。

（1）排序。分别计算这 $N+1$ 点上的目标函数 $E_i=E(\boldsymbol{k}^{(i)})$，$i=0,1,2,\cdots\cdots,N$ 并比较它们的大小，确定目标函数最大的点（即最坏的点）$\boldsymbol{k}^H$，次大的点 $\boldsymbol{k}^G$ 和最小（最好）的点 $\boldsymbol{k}^L$，以及相应的目标函数值，于是有

$$\begin{cases} E_H=E(\boldsymbol{k}^H)=\max E_i \\ E_L=E(\boldsymbol{k}^L)=\min E_i \\ E_G=E(\boldsymbol{k}^G) \end{cases} \tag{4.14}$$

其中 E_G 为除 E_H 以外的 N 个函数的最大值。

（2）反射。算出除 $\boldsymbol{k}^H$ 以外 n 个点 $\boldsymbol{k}^{(0)}$、$\boldsymbol{k}^{(1)}$、…、$\boldsymbol{k}^{H-1}$、$\boldsymbol{k}^H$、……$\boldsymbol{k}^{(N)}$ 的形心 $\boldsymbol{k}^C$，即

$$\boldsymbol{k}^C=\frac{1}{N}\left(\sum_{i=0}^N k^{(i)}-k^H\right) \tag{4.15}$$

然后求 $\boldsymbol{k}^H$ 的反射点 $\boldsymbol{k}^R$

$$\boldsymbol{k}^R=\boldsymbol{k}^C+\rho(\boldsymbol{k}^C-\boldsymbol{k}^H) \tag{4.16}$$

ρ 为反射系数，$\rho>0$，一般取 $\rho=1$。并计算出相应的函数值 $E_R=E(k^R)$。

（3）扩张。若 $E_R<E_L$，则认为反射效果好，进行扩张，扩张点 E 按式（4.17）进行计算：

$$\boldsymbol{k}^E=\boldsymbol{k}^C+\gamma(\boldsymbol{k}^R-\boldsymbol{k}^C) \tag{4.17}$$

γ 为扩张因子，$\gamma>1$。并比较 E_R 与 E_E 的大小

1）如 $E_E < E_R$，说明扩张是成功的。就取 k^E 代替原来最差的点 k^H，并转向第（6）步进行下一次迭代。

2）否则，表示扩张没有成功，只好退回来用原来的点 k^R 代替原来最差的点 k^H，并转向第（6）步进行下一次迭代。

（4）压缩。若 $E_R \geqslant E_L$，则认为反射得太远了，需要进行压缩。比较 E_R、E_H、E_L，如果 $E_L \leqslant E_R \leqslant E_H$，执行外部压缩；如果 $E_R \geqslant E_H$，执行内部压缩。

1）外部压缩：

$$k^O = k^C + \lambda(k^R - k^C) \tag{4.18}$$

λ 为压缩因子，$0 < \lambda < 1$。

a. 如果 $E_O \leqslant E_R$，用 k^0 代替原来最差的点 k^H，并转向第（6）步进行下一次迭代。

b. 否则，转向第（5）步收缩。

2）内部压缩：

$$k^O = k^C + \lambda(k^H - k^C) \tag{4.19}$$

a. 如果 $E_O \leqslant E_H$，用 k^O 代替原来最差的点 k^H，并转向第（6）步进行下一次迭代。

b. 否则，转向第（5）步收缩。

（5）收缩。如果以上条件都不满足，缩小原来的单纯形，即除了 k^L 以外的所有顶点 $k^{(i)}$ 向 k^L 收缩变为

$$k^{(i)} = k^L + \sigma(k^{(i)} - k^L) \tag{4.20}$$

其中，$i = 1, 2, \cdots, L-1, L+1, \cdots N$，$\sigma$ 为收缩因子，$0 < \sigma < 1$（可取 1/2）。新的顶点构成新的单纯形，然后重复上述过程，继续探索。

（6）重复以上过程，一直继续进行到 $|E_H - E_L| \leqslant \varepsilon |E_L|$ 为止。其中 ε 为预先给定的正数，即允许误差。

最后应注意，上述反射、压缩、扩张时参数 $k^{(i)}$（$i = 1, 2, \cdots, N$）必须在约束条件规定的范围内。如果压缩、扩张所得的 $k^{(i)}$ 超出了这个范围，就应以 $k^{(i)}$ 的上限 α_i 或下限 β_i 代替 $k^{(i)}$。

$N+1$ 组参数的初值和步长如何选取，要视水文地质条件决定。

4.2.3.3 遗传算法

遗传算法是模仿达尔文生物进化论的自然选择和遗传学机制的一种计算方法，是一种随机全局优化搜索方法，生物进化过程是生物群体在生存环境的约束下，通过各个体之间的竞争、自然选择、杂交、变异等方式所进行的"物竞天择，适者生存，不适者被淘汰"的自然优化过程。因此，生物的进化过程可以看成是某种优化问题的求解过程。遗传算法正是模拟此种优化过程而产生的优化算法。

遗传算法的基本思想：把一组随机产生的可行解作为初始种群，作为遗传算法开始的第一代（父代）。把适应度函数作为父代个体适应环境能力大小的度量，经过选

择让好的个体以大概率复制，差的个体以小概率复制或被淘汰，被选中的个体再通过交叉和变异产生新一代种群。经过如此"选择—交叉—变异—再选择"的不断迭代，使个体的适应度不断提高，直到满足终止条件，得到全局最优解或近似最优解。算法的终止条件通常是达到一定的迭代次数，或者种群中最优个体的适应度达到某个阈值，或者种群中个体的平均适应度达到某个阈值。

遗传算法的计算步骤如下（图 4.4）：

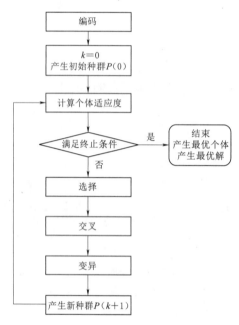

图 4.4　遗传算法计算流程图

（1）编码：选择编码策略，将解空间的解数据通过编码转换成遗传空间的由基因按一定结构组成的染色体。

（2）生成初始种群：随机产生初始种群 $P(0)$，初始种群中的每个个体表示染色体的基因编码。

（3）计算个体适应度：计算种群 $P(k)$ 中各个个体 $x^{(k)}$ 的适应度函数 $f(x^{(k)})$，并判断是否满足优化准则，若满足，输出最佳个体及最优解，并结束计算，否则继续第（4）步。

（4）选择：根据适应度来选择再生个体，适应度高的个体被选中的概率大，适应度低的个体则可能被淘汰。

（5）交叉：按一定的交叉概率和交叉方法产生新的个体。

（6）变异：按一定的变异概率和变异方法产生新的个体。

（7）产生新的种群：通过选择、交叉、变异之后产生新的种群 $P(k+1)$，返回步骤（3）。

4.2.3.4　模拟退火算法

模拟退火算法是一种由物理退火过程启发的算法。模拟退火的随机过程允许在温和的情况下逐渐收敛到最优解，当前的解的改善是通过在它的邻域中产生一个新解。计算并评价每一个方案的目标函数的值，如果替代值比原来的值得到了改善，就自动地接收这个解，否则就根据给定的概率进行接受。

模拟退火算法的计算流程如图 4.5 所示：

从图 4.5 中可以看出：模拟退火过程包括外部循环和内部循环。外部循环主要是控制温度参数 T，对应着模拟冷却过程。内部循环是基于 Metropolis 准则进行，对应模拟等温过程。

模拟退火算法的基本步骤如下。

（1）设定温度控制参数的初始值为 T_0 及初始解为 x_0，计算初始解对应的目标函数值为 $f(x_0)$。

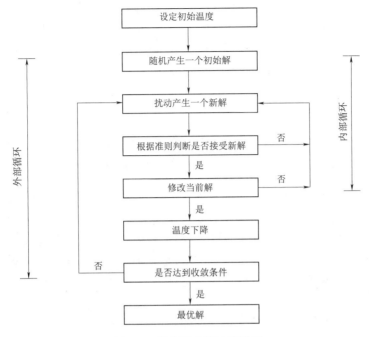

图 4.5 模拟退火算法流程图

（2）随机产生一个扰动 Δx，得到新解 $x = x_0 + \Delta x$，并计算新解对应的目标函数值 $f(x)$ 及与初始解的目标函数值之差，记为

$$\Delta f = f(x) - f(x_0) \tag{4.21}$$

（3）如果 $\Delta f \leqslant 0$，即 $f(x) \leqslant f(x_0)$，则接受新解，作为下一次迭代的初始解。

（4）如果 $\Delta f > 0$，即 $f(x) > f(x_0)$，则根据 Metropolis 准则计算新解的接受概率 p，计算公式如下：

$$p = \exp\left[-\frac{f(x) - f(x_0)}{T_k} \right] = \exp\left(-\frac{\Delta f}{T_k} \right) \tag{4.22}$$

然后，产生一个在 $[0, 1]$ 区间的均匀分布的随机数 r，若 $r < p$ 则接受新解，若 $r > p$ 则拒绝新解，再重新随机生成一个新的扰动，重复步骤（2）～（4），直到满足最大迭代次数。步骤（2）～（4）即为内部循环过程。

（5）减小控制温度参数 T 的值，即根据温度衰减函数产生新的控制参数 T_{k+1}，当前求得的最优解作为初始解，重复步骤（2）～（4），直到满足收敛条件。此为外部循环过程，当前求得的解为优化问题的最优解。常用的温度衰减函数如下：

$$T_{k+1} = \alpha T_k \quad (0 < \alpha < 1) \tag{4.23}$$

式中：T_k 为第 k 步循环中温度参数的值；T_{k+1} 为第 $k+1$ 步循环中温度参数的值；α 为温度衰减因子。

4.2.4 随机方法

为了充分考虑参数反演过程中的不确定性，随机方法近年来也被引入到水文地质参数反演中。在随机方法中，将水文地质参数作为一个随机变量，并用概率分布来描述这些随机变量。运用随机方法进行参数反演的过程就是利用观测信息来更新模型参数的分布，而不像优化方法那样只是更新参数的数值。常用的随机方法包括地质统计学方法、贝叶斯方法及卡尔曼滤波法等。本书仅对贝叶斯方法进行简要介绍。

贝叶斯方法以贝叶斯公式为基本原理：

$$p(\boldsymbol{\theta} \mid \boldsymbol{y}) = \frac{p(\boldsymbol{\theta})p(\boldsymbol{y} \mid \boldsymbol{\theta})}{\int p(\boldsymbol{\theta})p(\boldsymbol{y} \mid \boldsymbol{\theta})\mathrm{d}\boldsymbol{\theta}} \tag{4.24}$$

式中，将水文地质参数看成随机变量 $\boldsymbol{\theta}$，$p(\boldsymbol{\theta})$ 为参数 $\boldsymbol{\theta}$ 的先验分布，是我们在获得观测值 y 之前对模型参数的认识，这个认识来源于场地调查、经验资料以及专家经验，具有较大的不确定性。$p(\boldsymbol{\theta}|\boldsymbol{y})$ 是模型参数的后验分布，是在获得观测值 y 之后，对模型参数的更加准确的认识。$p(\boldsymbol{y}|\boldsymbol{\theta})$ 是一种对模型输出和观测值之间接近程度的度量，用似然函数来表示。模型输出与观测值越接近，$p(\boldsymbol{y}|\boldsymbol{\theta})$ 值就越大，反之亦然。

贝叶斯公式形式简单，但对于复杂的水文地质问题，由于数值模型的参数与模型输出呈非线性关系，难以得到似然函数的解析解，同时，由于很难得到参数的准确区间，所以归一化常数也很难确定。通常采用马尔科夫链蒙特卡洛（Markov Chain Monte Carlo，MCMC）方法对参数的后验分布空间进行采样，并用样本来估计模型参数的后验分布。

MCMC 属于启发式非线性反演方法中的蒙特卡洛法。MCMC 方法的优点在于，它依托于贝叶斯理论，能够充分利用先验信息来提高解的精度。此时，反问题的解就是贝叶斯理论中的后验概率密度函数。MCMC 方法通过构造一个与所求后验分布相近的马尔科夫链，反复迭代直至达到平稳状态，从而得到满足后验分布的样本，再对这些样本进行统计推断，就可以获得模型均值和对应的方差，并用它们来描述反演结果的稳定性和不确定性。

常用的 MCMC 算法包括：Metropolis - Hastings 算法、自适应 Metropolis 算法（AM）、延迟拒绝算法（DR）、延迟拒绝自适应 Metropolis 算法（DRAM）、差分进化 Metropolis 算法（DE - MC）、差分进化自适应 Metropolis 算法（DREAM）等。

基于贝叶斯方法的反演流程如下：

（1）场地调查、经验资料以及专家经验，确定待求的水文地质参数的先验概率分 $p(\boldsymbol{\theta})$。

（2）以收集的数据作为约束条件，初步建立模拟模型，取 $\boldsymbol{\theta}_i^{(0)}$ 为待求参数 $\boldsymbol{\theta}_i$（$i=1, 2, 3, \cdots, n$）的初值，$\boldsymbol{\theta}_i$ 的取值范围由先验信息来确定。

（3）通过正演模型计算 $\boldsymbol{\theta}_i^{(0)}$ 对应的模拟结果及似然函数 $p(\boldsymbol{y}|\boldsymbol{\theta})^{(0)}$，然后在先验分布中抽取下一组参数值代入正演模型计算对应的模拟结果及似然函数。在第 l 次抽样中，计算得到的似然函数值记为 $p(\boldsymbol{y}|\boldsymbol{\theta})^{(l)}$。

（4）将 $\boldsymbol{\theta}^l$ 和 $\boldsymbol{\theta}^{l+1}$ 对应的似然函数值根据 Metropolis 接受准则进行判断。此时接

受的 $\boldsymbol{\theta}^{l+1}$ 被认为是反演问题解样本空间中的一个样本而储存起来，不接受的 $\boldsymbol{\theta}^{l+1}$ 认为不是样本空间中的样本而舍弃掉。再分别计算模型的似然函数 $p(\boldsymbol{y}|\boldsymbol{\theta})^{(l+1)}$ 和后验概率 $p(\boldsymbol{\theta}|\boldsymbol{y})^{(l+1)}$。

（5）重复步骤（2）（3）（4）进行大量抽样。

（6）判断终止条件，若满足则输出所有抽样模型，并得到模型的均值、方差及后验概率分布。

4.3 水文地质参数反演算例

与正演问题相比，反演问题需要反复多次的计算正演模型，最终得到反演结果，计算量较大，尤其是当待求参数较多时。因此，为了增加读者的可操作性，本书设计一个待求参数个数为 2 的简单算例，说明应用最优化方法求解水文地质参数反演问题的流程。

4.3.1 问题介绍

研究区为方形潜水含水层，长宽均为 10km。西部边界为湖泊，平均水位为 30m；北部、南部及东部均为隔水边界。地面高程为 50m，潜水含水层底板高程 0m，初始水位 30m。通过抽水试验确定了研究区的参数分区（图 4.6）以及参数的初值（表 4.1）。地下水接受大气降水的补给，补给强度为 0.05mm/d。在研究区中有一口抽水井，位置如图 4.6 所示，抽水量为 1000m³/d。研究区有 6 口观测孔，观测孔在 2 年内每半个月监测一次，共有 12 个时段的水位监测值（表 4.2）。现需要根据 6 口监测井在 12 个时段的水位监测值，应用最优化方法对水文地质参数进行反演。

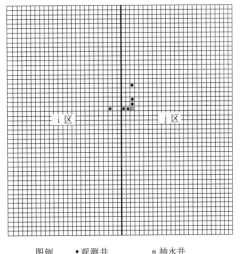

图例 •观测井 ☆抽水井

图 4.6 研究区及网格剖分示意图

通过灵敏度分析发现在 4 个参数中，与给水度相比，两个分区的渗透系数对水头的影响更大，灵敏度更高，因此只对两个分区的渗透系数进行反演，而将给水度固定为抽水试验得到的值。

表 4.1　　　　　　　　　　　　水文地质参数初值表

参数分区号	渗透系数/(m/d)	给水度
I	20	0.28
II	30	

表 4.2　　　　　　　　　　　　　　　　地下水位动态监测结果

时间/d	水位/m					
	监测井 1（坐标：5500，5700）	监测井 2（坐标：5500，6500）	监测井 3（坐标：4500，5500）	监测井 4（坐标：5300，5500）	监测井 5（坐标：5500，5900）	监测井 6（坐标：5100，5500）
59	29.812	29.996	29.999	29.810	29.910	29.904
120	29.765	29.983	29.987	29.761	29.869	29.859
181	29.741	29.972	29.976	29.737	29.848	29.836
243	29.727	29.966	29.969	29.722	29.835	29.821
304	29.719	29.962	29.964	29.713	29.827	29.813
365	29.714	29.960	29.962	29.708	29.822	29.808
424	29.711	29.960	29.961	29.705	29.820	29.805
485	29.710	29.961	29.961	29.704	29.820	29.804
546	29.711	29.962	29.962	29.705	29.820	29.805
608	29.713	29.965	29.965	29.706	29.822	29.806
669	29.715	29.969	29.967	29.709	29.825	29.808
730	29.718	29.972	29.971	29.712	29.828	29.811

4.3.2　正演模型的初步建立

4.3.2.1　数学模型

$$\begin{cases} \dfrac{\partial}{\partial x}\left[K(H-Z_b)\dfrac{\partial H}{\partial x}\right]+\dfrac{\partial}{\partial y}\left[K(H-Z_b)\dfrac{\partial H}{\partial y}\right]+W=\mu\dfrac{\partial H}{\partial t} & (x,y)\in D, t\geqslant 0 \\ H(x,y,t)|_{t=0}=H_0(x,y) & (x,y)\in D, t=0 \\ H(x,y,t)|_{\Gamma_1}=H_1(x,y,t) & (x,y)\in \Gamma_1, t>0 \\ K(H-Z_b)\dfrac{\partial H}{\partial \boldsymbol{n}}\bigg|_{\Gamma_2}=q(x,y,t) & (x,y)\in \Gamma_2, t>0 \end{cases}$$

$$(4.25)$$

式中：$H(x,y,t)$ 为地下水水位，m；$H_0(x,y)$ 为初始水位，m；$H_1(x,y,t)$ 为第一类边界上的已知水头函数，m；Z_b 为目的含水层底板高程，m；K 为渗透系数，m/d；μ 为给水度，无量纲；W 为潜水含水层的垂向补、排强度，m/d；Γ_2 为已知流量边界；$q(x,y,t)$ 为含水层侧向单宽补排量，m^2/d；$\boldsymbol{n}$ 为边界上的外法线方向；D 为模拟计算区域。

4.3.2.2　GMS 软件数值模拟（视频 4.1）

应用 GMS 中的 MODFLOW 模块进行地下水流数值模拟。

（1）建立模拟范围、边界条件、初始参数、源汇项以及观测孔数据图层。

分别建立模拟范围、边界条件、初始参数、源汇项以及观测孔数据 5 个图层。

图层 1——模拟范围：通过创建弧段形成一个 X 与 Y 方向均为 0～10000m 的闭合区域，作为模拟区域。

视频 4.1
正演模型
初步建立

图层 2——边界条件：西侧设定为已知水头边界，边界水头设定为 30m。东侧、南侧及北侧设定为已知流量边界，边界流量为 0。

图层 3——参数：根据已知条件，将两个分区的初始参数值输入模型中。

图层 4——源汇项：在整个研究区上，将 Recharge rate 设置为 0.00005m/d。抽水井抽水量为 1000m³/d。

图层 5——观测孔：设置 6 口观测孔，并将表 4.1 中的观测数据分别输入每个观测孔中。

（2）空间离散。创建 3D 网格，X、Y 方向长度均为 10000m，Z 方向长度为 50m。垂直方向为 1 层，水平方向剖分成 50×50 个网格，每个单元格为 200m× 200m（图 4.6、图 4.7）。

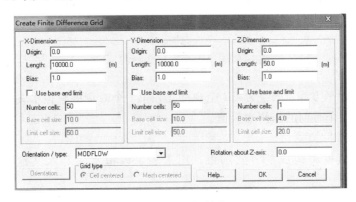

图 4.7 网格剖分

（3）建立 MODFLOW 模型。新建 MODFLOW 模型，Stress periods 设置如图 4.8 所示。Starting Heads 在所有网格上均设置为 30m。Top Elevation 均设置为 50m，Bottom 均设置为 0。

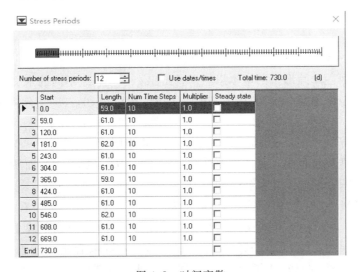

图 4.8 时间离散

（4）将概念模型转化到 MODFLOW 中。在概念模型中右点并在下拉菜单中选择"Map To MODFLOW/MODPATH"菜单命令。

（5）模型检查。选择"MODFLOW | Check Simulation"菜单命令，选择"Run Check"按钮。

（6）运行模型。选择"MODFLOW | Run MODFLOW"菜单命令。

运行后可以观察到等水位线的分布情况。同时，可以通过 Plot Wizard 中的 Time series 来查看模拟水头及实测水头随时间的变化情况。将这个结果复制到 Excel 中，可以计算所有观测孔在所有时段的模拟水位与实测水位的误差平方和。

4.3.3　水文地质参数反演优化模型的建立

以误差平方和最小为目标函数，以两个分区的渗透系数为决策变量，建立优化模型。目标函数如下：

$$\min E = \sum_{i=1}^{6} \sum_{j=1}^{12} \left[H_{ij}^s - H_{ij}^o \right]^2 \qquad (4.26)$$

式中：E 为误差平方和；H_{ij}^s 为第 i 个观测孔在第 j 个时刻的模拟水头值；H_{ij}^o 为第 i 个观测孔在第 j 个时刻的实测水头值。

约束条件如下。

（1）由数值模型构成的等式约束，用来表示模拟水头与水文地质参数之间的关系：

$$H_{ij}^s = f(K_1, K_2) \qquad (4.27)$$

式中：K_1、K_2 为待反演的 2 个分区的渗透系数。

（2）参数的取值范围约束：

$$10 \leqslant K_1 \leqslant 30$$

$$20 \leqslant K_2 \leqslant 40 \qquad (4.28)$$

4.3.4　Nelder - Mead 单纯形法对优化模型的求解

视频 4.2
Nelder - Mead
单纯形法求解

根据前面所述单纯形法的基本思想，要给出 2+1=3 组不同的水文地质参数作为初始单纯形，三组参数分别为（20，30），（25，30），（20，35）。然后按照 4.2.3.2 Nelder - Mead 单纯形法的步骤进行计算（视频 4.2）。取反射系数 $\rho=1$，扩张因子 $\gamma=2$，压缩因子 $\lambda=0.5$，收缩系数 $\sigma=0.5$，终止准则为 $|E_H - E_L| \leqslant 0.5|E_L|$。

在每一轮迭代过程中，每次需要计算目标函数值时，都运用前面所建立的正演模型进行计算（只是修改了相关参数的数值）。

Nelder - Mead 单纯形法的计算结果见表 4.3。从表 4.3 中可以看出，经过 10 次迭代之后，$|E_H - E_L| \leqslant 0.5|E_L|$，满足终止准则，最终得到的参数反演结果为：$K_1 = 21.9966 \text{m/d}$，$K_2 = 34.9684 \text{m/d}$。从表 4.3 中可以看出，随着迭代次数的增加，单纯形的 3 个顶点在逐渐靠近（即搜索区间在逐渐缩小），并且逐渐趋近于最优解。

表 4.3　　　　　　　　　　　Nelder‐Mead 单纯形法计算结果

	迭代次数	0		1		2		⋯	10		11	
排序	K_H	20	30	25	30	20.3125	36.5625	⋯	22.1259	35.0252	21.8525	35.0939
	K_L	20	35	20	35	20	35	⋯	21.9966	34.9684	21.9966	34.9684
	K_G	25	30	23.75	33.75	23.75	33.75	⋯	21.8525	35.0939	21.8239	35.0341
	E_H	5.47×10^{-2}		2.91×10^{-2}		1.37×10^{-3}		⋯	1.37×10^{-5}		1.09×10^{-5}	
	E_L	7.99×10^{-4}		7.99×10^{-4}		7.99×10^{-4}		⋯	7.52×10^{-6}		7.52×10^{-6}	
	E_G	2.91×10^{-2}		8.24×10^{-4}		8.24×10^{-2}		⋯	1.09×10^{-5}		8.50×10^{-6}	
是否终止	$\lvert E_H-E_L\rvert\leqslant0.5E_L$	否		否		否		⋯	否		是	
反射	K_C	22.5	32.5	21.875	34.375	21.875	34.375	⋯	21.9245	35.0312		
	K_R	25	35	18.75	38.75	23.4375	32.1875	⋯	21.7232	35.0371		
	E_R	1.53×10^{-3}		8.25×10^{-3}		8.59×10^{-3}		⋯	1.33×10^{-5}			
压缩或扩张	$E_R\geqslant E_L$	是		是		是		⋯	是			
	$E_R<E_H$	是		是		否		⋯	是			
	操作	外部压缩		外部压缩		内部压缩		⋯	外部压缩			
	K_O 或 K_E	23.75	33.75	20.3125	36.5625	21.09375	35.46875	⋯	21.8239	35.0341		
	E_O 或 E_E	8.24×10^{-4}		1.37×10^{-3}		8.25×10^{-5}		⋯	8.50×10^{-6}			
	判断	$E_O\leqslant E_R$	是	$E_O\leqslant E_R$	是	$E_O\leqslant E_H$	是	⋯	$E_O\leqslant E_R$	是		
		K_O 代替 K_H		K_O 代替 K_H		K_O 代替 K_H		⋯	K_O 代替 K_H			

第 5 章课件

第 5 章资料包

第5章
多相渗流及数值求解方法

在前面章节中，我们主要研究的是单相流体渗流问题。所谓的单相流体渗流也就是在渗流过程中只出现一种相态。在地下多孔介质中，解决单相渗流问题时我们主要采用的是达西定律，其简单形式表示为

$$v = K\frac{\Delta P}{d}$$

式中：v 为达西流速；K 为渗透系数；ΔP 为压强差；d 为距离。

上式为地下多孔介质中单相流体渗流的达西公式，其应用范围是渗流的雷诺数 $Re \leqslant 1 \sim 10$。

什么是多相渗流？多相渗流和单相渗流有哪些区别？要解决这些问题我们需要掌握一些有关多相渗流的基本概念。

5.1 基 本 概 念

5.1.1 相态和多相流体

相态是指物质在一定温度、压强下所处的相对稳定的状态，是物质聚集状态的简称，也成为聚集态。我们常见的物质的相态有气态、液态和固态。同一种物质当稳定存在的条件（温度、压强）发生变化时，物质的相态会发生转化，如水在不同温度、压强条件下的相态会发生转化。不同物质相态之间的相态转化与温度、压强等参数之间的关系可以用相图（也称相态图、相平衡状态图）表示，如水的相态图（图 5.1）。

多相是指系统中同时存在不同相态的物质，或同一种物质分布在不同的相态。如在图 5.1 中三相点的条件下，水可以以气、液、固 3 种相态同时存在。如在我们熟知的 CO_2 驱油提高石油采收率工程中，由于油、水的不混溶，以及 CO_2 溶解能力的原因，在驱替过程中会出现油、气、液（水）3 种不同物质 3 种不同形态共存的现象。再比如，我们在地下水相关研究过程中会经常遇到非饱和带问题。其实这种非饱和带的问题也就是多相的问题，此时属于气、液两相共存的问题。

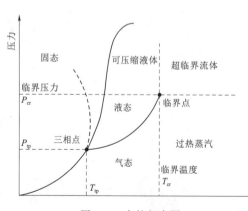

图 5.1 水的相态图

5.1.2 流体的饱和度

一旦涉及多相共存的问题就会提及饱和度的概念。所谓的多相流体饱和度概念实际上是单相流体饱和度概念的推广。当多孔介质的孔隙空间被两种或两种以上相态的流体占据时，对于 β 相流体而言，其饱和度为

$$S_\beta = \frac{V_\beta}{\phi}, (\beta \equiv G, L, S) \tag{5.1}$$

式中：S_β 为 β 相在孔隙介质中的饱和度；V_β 为 β 相流体体积；ϕ 为多孔介质的孔隙度；G、L、S 分别表示气相、液相和固相。

各相态流体饱和度之和等于 1，即

$$\sum_{\beta \equiv G,L,S} S_\beta = 1 \tag{5.2}$$

5.1.3 渗透系数和渗透率

在进行地下饱和流体渗流过程描述时，我们通常采用渗透系数 K（也称水力传导系数）来反映地层渗透性的强弱，具有和速度相同的量纲。渗透系数不仅取决于岩石的性质（如粒度成分、颗粒排列、充填状况、裂隙性质及发育程度等），而且还与渗流液体的物理性质（容重、黏滞性等）有关。对于同一岩层而言，不同的液体具有不同的渗透系数。根据单相渗透理论，Darcy 公式表示为

$$v = -\frac{k\rho g}{\mu}\frac{dH}{dS} \tag{5.3}$$

式中：ρ 为液体密度；g 为重力加速度；μ 为动力黏滞系数；H 对于地下水就是水头，$H = z + \frac{p}{\gamma}$；k 为表征岩层渗透性能的常数，定义为渗透率或内在渗透率，仅和岩石的性质有关，和液体的属性无关，又称岩层的绝对渗透率。

渗透系数和渗透率之间的关系可以表示为

$$K = \frac{\rho g}{\mu} k \tag{5.4}$$

渗透率的量纲为 $[L^2]$，采用的单位是 cm^2 或 D（达西）。

设有一岩样长 3cm、截面积为 $2cm^2$，其中用黏度为 $1MPa \cdot s$ 的盐水 100% 饱和，在压差为 $0.2MPa$ 下的流量为 $0.5cm^3/s$，则该岩样的绝对渗透率为

$$k = \frac{Q\mu L}{A\Delta p} \times 10^{-1} = \frac{0.5 \times 1 \times 3}{2 \times 0.2} \times 10^{-1} = 0.375 (\mu m^2)$$

如果用黏度为 $3MPa \cdot s$ 的油 100% 饱和岩心，在同样的压差下流动，油的流量为 $0.167cm^3/s$，这时该岩样的绝对渗透率为

$$k = \frac{Q\mu L}{A\Delta p} \times 10^{-1} = \frac{0.167 \times 3 \times 3}{2 \times 0.2} \times 10^{-1} = 0.375 (\mu m^2)$$

由此可见，绝对渗透率只是岩石本身的一种属性，只要流体不与岩石发生物理化学反应，则绝对渗透率与通过岩石的流体性质无关。

5.1.4 相（有效）渗透率和相对渗透率

多相流体共存和流动时，其中某一相流体在岩层中通过的能力大小，称为该相流

体的相渗透率或有效渗透率。在多相流动时，可以将某一相流动视为它在固相及其他相组合成的介质中流动，因此可以采用达西公式计算相渗透率，但是此时渗透率换为相有效渗透率。通过此种转化便把多相流动中所产生的各种附加阻力都归到该相流体的有效渗透率数值的变化上。

如对于同一岩样，若其中饱和 70％的盐水（$S_w = 70\%$）和 30％的油（$S_o = 30\%$），而且在渗流过程中饱和度不变，压差为 0.2MPa，盐水的流量为 $0.30\text{cm}^3/\text{s}$，而油的流量为 $0.02\text{cm}^3/\text{s}$，此时油、水的相（有效）渗透率为

$$k_w = \frac{Q_w \mu_w L}{A \Delta p} \times 10^{-1} = \frac{0.3 \times 1 \times 3}{2 \times 0.2} \times 10^{-1} = 0.225 (\mu\text{m}^2)$$

$$k_o = \frac{Q_o \mu_o L}{A \Delta p} \times 10^{-1} = \frac{0.02 \times 3 \times 3}{2 \times 0.2} \times 10^{-1} = 0.045 (\mu\text{m}^2)$$

油、水两相的有效渗透率之和 $k_w + k_o = 0.27 \mu\text{m}^2$，小于 5.1.3 中计算的岩样的绝对渗透率 $0.375 \mu\text{m}^2$。这是因为多相流体在共同介质中流动时相互干扰，不仅要克服黏滞阻力还要克服毛细管力、附着力等。

在实际应用中，为了便于对比各相流动阻力的比例大小，引入相对渗透率的概念。某相流体的相对渗透率是指该相流体的有效渗透率与绝对渗透率的比值，它是衡量某种流体通过岩层能力大小的直接指标。

$$k_{rw} = \frac{k_w}{k} = \frac{0.225}{0.375} = 0.60$$

$$k_{ro} = \frac{k_o}{k} = \frac{0.045}{0.375} = 0.12$$

可以看出，相对渗透率之和并不等于 1.0，而是小于 1.0，这和相渗透率（有效渗透率）之和小于绝对渗透率结论一致。

5.1.5　相对渗透率曲线

多相流体的相对渗透率和相饱和度之间存在着一定的关系，它们之间的关系通常由实验测出，并表示为相对渗透率和相饱和度之间的关系曲线——相对渗透率曲线（图 5.2）。目前有很多实验＋理论模型可以用来描述多相流体渗流过程中各相流体的相对渗透率变化[23-25]，其中应用最为广泛的是 VG-M 模型：

$$k_{rl} = \begin{cases} \sqrt{S^*} \{1 - (1 - [S^*]^{1/\lambda})^\lambda\}^2 & (S_l < S_{ls}) \\ 1 & (S_l \geqslant S_{ls}) \end{cases} \quad (5.5)$$

$$k_{rg} = \begin{cases} 1 - k_{rl} & (S_{gr} = 0) \\ (1 - \hat{S})^2 (1 - \hat{S}^2) & (S_{gr} > 0) \end{cases} \quad (5.6)$$

式中：k_{rl}、k_{rg} 分别为液相和气相流体的相对渗透率；λ 为和孔隙度分布有关的参数，详细说明请参见 van Genuchten (1980)；S_l 为液相饱和度；S_{ls} 为饱和情况下液相饱和度，一般等于 1.0；S_{gr} 为气相残余饱和度。

S^* 和 $\hat{S}$ 可以用以下公式计算：

$$S^* = (S_l - S_{lr})/(S_{ls} - S_{lr})$$

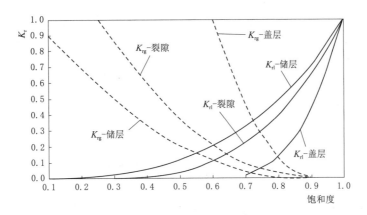

图 5.2 气相和液相相对渗透率曲线（van - G 模型）

$$\hat{S} = (S_1 - S_{1r})/(1 - S_{1s} - S_{gr})$$

S_{1r} 称为液相残余饱和度或束缚水饱和度、平衡饱和度、不能再减小含水饱和度（小于此饱和度则不能再流动）、共存饱和度等。当液相饱和度小于或等于残余饱和度时，液相的相对渗透率为零。S_{gr} 属性和液相饱和度类似。

5.1.6 毛细管力曲线

地层中流体流动的空间是一些弯弯曲曲、大小不等、彼此曲折相通的复杂小孔道，这些孔道可单独看成是变断面且表面粗糙的毛细管，而储层岩石则可看成为一个多维的相互连通的毛细管网络。由于流体渗流的基本空间是毛细管，因此研究油、气、水在毛细管中出现的特性就显得十分重要。

在一个大的容器中，静止液体的表面一般是一个平面。但在某些特殊情况下，例如毛细管中，由于液体和固体间的相互润湿，液体会沿固体表面延展，使液-气相间的界面是一个弯曲表面。由于表面张力的作用，弯曲表面上的表面张力不是水平而是沿界面处与表面相切。对于凸面，表面张力会有一指向液体内部的合力，凸面好像绷紧在液体上一样，液体内部的压力大于外部压力，使它受到一个附加压力。凹面正好相反，凹面好像要被拉出液面，因而液体内部的压力小于外面的压力，也受到一个附加压力（实际为"压强"，习惯上都叫"压力"，或简称为"力"，如将毛细管压力简称为毛管力）。表示毛细管力和相饱和度之间的关系的曲线称为毛细管压力曲线（图5.3）。

用于计算液态水、气两相毛细管力的模型也很多[26-30]，应用较多的当属 van Genuchten 模型[30]，表现形式如下：

$$P_{cap} = -P_0([S^*]^{-1/\lambda} - 1)^{1-\lambda} \tag{5.7}$$

式中：P_{cap} 为毛管压力；P_0 为最小排替压力；λ 为岩石孔隙分布相关系数；S^* 与5.1.5中介绍的相同。

5.1.7 吉布斯相律

吉布斯根据热力学有关内能的原理，提出了"自由能"和"化学势"在化学反应

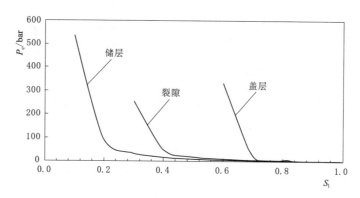

图 5.3　不同介质中毛细管压力随液相饱和度变化曲线

中起着动力作用的现代概念，奠定了化学平衡的理论基础。而其中关于多相平衡的基本规律，即为"吉布斯相律（Gibbs phase rule），是适用于多相平衡的普适性的理论：若多相体系中具有 C 种独立成分，其物相的数目 P 和自由度 f 之间的关系恒定，即

$$f = C - P + n \tag{5.8}$$

式中：f 为自由度；C 为系统的组元数；P 为相态数；n 为外界因素，通常取 2，意为温度和压力。

对于多相来讲，各相的饱和度之和为 1.0，因此多相系统便可以用 MP 个变量来描述：

$$MP = f + P - 1 = C + 2 - 1 = C + 1 \tag{5.9}$$

即整个多相系统可以用物质数加一个变量来描述整个系统。

5.2　多相渗流的连续性方程

在推导地下多相渗流连续性方程时，同样基于质量守恒定律，对多相流体中每一种物质进行质量均衡计算。假设在地下多孔介质中，以 $P(x, y, z)$ 为中心取一无限小的平行六面体（图 5.4，其各边长度为 Δx、Δy、Δz，且和坐标轴平行）作为均衡单元体。

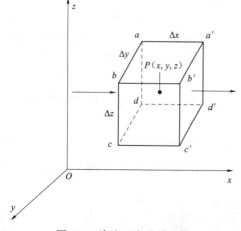

图 5.4　渗流区中的单元体

假设在此系统中含有 nk 种物质（k），np 个共存的相态（β），各相的密度为 ρ_β，各个组分在各相中的质量分数表示为 X_β^k，P 点各相流体沿坐标轴方向的渗流速度分量为 $v_{\beta x}$、$v_{\beta y}$、$v_{\beta z}$。由于在多相流体流动过程中，按物质 k 进行质量守恒计算时，不仅考虑由于对流引起的质量变化，还要考虑水动力弥散引起的质量变化。假设 P 点的水动力弥散通量为 I，则单位时间内通过垂直于坐标轴方向单位面积的物质 k 的质量分别为

$$M_x^k(x,y,z)=\sum_{\beta=1}^{np}(\rho_\beta v_{\beta x}X_\beta^k+\rho_\beta I_{\beta x}^k) \tag{5.10a}$$

$$M_y^k(x,y,z)=\sum_{\beta=1}^{np}(\rho_\beta v_{\beta y}X_\beta^k+\rho_\beta I_{\beta y}^k) \tag{5.10b}$$

$$M_z^k(x,y,z)=\sum_{\beta=1}^{np}(\rho_\beta v_{\beta z}X_\beta^k+\rho_\beta I_{\beta z}^k) \tag{5.10c}$$

根据泰勒展开式，并略去二阶导数以上的高次项，在 $abcd$ 面中点 $P_左$（$x-\dfrac{\Delta x}{2}$，y，z）和 $a'b'c'd'$ 面中点 $P_右$（$x+\dfrac{\Delta x}{2}$，y，z）的单位时间、单位面积的物质 k 的质量为

$$M_x^k\left(x-\frac{\Delta x}{2},y,z\right)=M_x^k(x,y,z)+\frac{\partial M_x^k(x,y,z)}{\partial x}\left(\frac{-\Delta x}{2}\right) \tag{5.11}$$

$$M_x^k\left(x+\frac{\Delta x}{2},y,z\right)=M_x^k(x,y,z)+\frac{\partial M_x^k(x,y,z)}{\partial x}\left(\frac{\Delta x}{2}\right) \tag{5.12}$$

因此，沿 x 轴方向上流入和流出单元体的物质 k 的质量差为

$$\left\{\left[M_x^k(x,y,z)-\frac{\partial M_x^k(x,y,z)}{\partial x}\left(\frac{\Delta x}{2}\right)\right]-\left[M_x^k(x,y,z)+\frac{\partial M_x^k(x,y,z)}{\partial x}\left(\frac{\Delta x}{2}\right)\right]\right\}\Delta y\Delta z\Delta t$$

$$=-\frac{\partial M_x^k(x,y,z)}{\partial x}\Delta x\Delta y\Delta z\Delta t \tag{5.13}$$

同理沿 y 和 z 方向上物质 k 的质量变化为：$-\dfrac{\partial M_y^k(x,y,z)}{\partial y}\Delta x\Delta y\Delta z\Delta t$ 和 $-\dfrac{\partial M_z^k(x,y,z)}{\partial z}\Delta x\Delta y\Delta z\Delta t$。因此，在 Δt 时刻内，物质 k 流入与流出单元体的总质量差值为

$$-\left[\frac{\partial M_x^k(x,y,z)}{\partial x}+\frac{\partial M_y^k(x,y,z)}{\partial y}+\frac{\partial M_z^k(x,y,z)}{\partial z}\right]\Delta x\Delta y\Delta z\Delta t \tag{5.14}$$

在单元体内物质的质量变化是由于流入和流出这个单元体的质量差造成的，单元体内物质 k 的质量变化应该和流入流出质量差相等。因此：

$$-\left[\frac{\partial M_x^k}{\partial x}+\frac{\partial M_y^k}{\partial y}+\frac{\partial M_z^k}{\partial z}\right]\Delta x\Delta y\Delta z=\frac{\partial}{\partial t}\left[\Delta x\Delta y\Delta z\phi\sum_{\beta=1}^{np}(S_\beta\rho_\beta X_\beta^k)\right] \tag{5.15}$$

该方程是基于物质 k 推导出的连续性方程，它表示在一个单元内必须满足物质 k 的质量守恒定律。

在进行不同相态流体沿主轴方向渗流的流速 $v_{\beta x}$、$v_{\beta y}$、$v_{\beta z}$ 计算时，采用扩展的多相达西公式：

$$v_{\beta x}=-k_x\frac{k_{x,r\beta}}{\mu_\beta}(\nabla P_{\beta x}) \tag{5.16a}$$

$$v_{\beta y}=-k_y\frac{k_{y,r\beta}}{\mu_\beta}(\nabla P_{\beta y}) \tag{5.16b}$$

$$v_{\beta z}=-k_z\frac{k_{z,r\beta}}{\mu_\beta}(\nabla P_{\beta z}-\rho_\beta \boldsymbol{g}\cos\theta) \tag{5.16c}$$

式中：k_x、k_y、k_z 分别为 x、y、z 轴主方向上的绝对渗透率；$k_{x,r\beta}$、$k_{y,r\beta}$、$k_{z,r\beta}$ 为 β

相流体在 x、y、z 轴方向上的相对渗透率；μ_β 为 β 相流体的动力黏滞系数；$\boldsymbol{g}$ 为重力加速度；θ 为重力加速度和压力梯度之间的夹角；$\nabla P_{\beta x}$ 为 β 相流体在 x 方向上的压强梯度；$P_{\beta x}$ 为该相流体的总的压强。$P_{\beta x}$ 一般是基础压强（以气相压强作为基础压强）和毛细压强的总和，即

$$P_{\beta x} = P_{\mathrm{g}} + P_{\mathrm{c}\beta} \tag{5.17}$$

式中：$P_{\mathrm{c}\beta}$ 为毛细压强（为负值）。

由于在多相流体渗流过程中，流体的密度 ρ_β 不再是常数，不能从等式（5.15）右边项中的微分号中分离出来。

在进行水动力弥散项 I 计算时，同样采用 Fick 定律，表达式为

$$I_{\beta x}^k = -D_\beta^k \cdot \nabla X_\beta^k \tag{5.18}$$

式中：D_β^k 为水动力弥散系数；∇X_β^k 为物质 k 在 β 相中的质量分数梯度。

5.3 积分有限差分求解方法

5.3.1 基本原理

本节主要采用积分有限差法（Integral finite difference method）进行数值求解。

将研究区空间离散为有限个单元体，对于单元体 n 中的物质 k，假设 M^k 为单元 n 中单位体积的质量（或密度），基于质量和能量守恒，针对网格 n 中的物质 k 我们可以得到：

$$\frac{\mathrm{d}}{\mathrm{d}t} \int_{V_n} M^k \, \mathrm{d}V_n = \int_{\Gamma_n} F^k \cdot \boldsymbol{n} \, \mathrm{d}\Gamma_n + \int_{V_n} q^k \, \mathrm{d}V_n \tag{5.19}$$

式中：V_n 为网格 n 的体积；Γ_n 为网格 n 的面边界；F 为质量或热通量；$\boldsymbol{n}$ 为法向向量，指向网格 n；q 为源汇项。

对于 M^k：

$$M^k = \phi \sum_\beta S_\beta \rho_\beta X_\beta^k \tag{5.20}$$

对于网格 n 中物质 k，由对流项产生的质量贡献表示为

$$F^k \mid_{\mathrm{adv}} = \int_{\Gamma_n} F^k \cdot \boldsymbol{n} \, \mathrm{d}\Gamma = \sum_\beta X_\beta^k F_\beta \tag{5.21}$$

对于每一单相流体的通量 F_β 我们可以采用多相达西公式计算：

$$F_\beta = \rho_\beta v_\beta = -k \frac{k_{\mathrm{r}\beta} \rho_\beta}{\mu_\beta} (\nabla P_\beta - \rho_\beta g) \tag{5.22}$$

将高斯散度定理应用于质量和能量守恒积分式，可以得到：

$$\frac{\partial M^k}{\partial t} = -\mathrm{div} F^k + q^k \tag{5.23}$$

式（5.23）可以用来近似描述非饱和带流体流动规律。假设忽略相变造成的影响，并认为气相不参与流动，我们可以得到：

$$\frac{\partial}{\partial t} \phi S_{\mathrm{L}} \rho_{\mathrm{L}} = \mathrm{div} \left[k \frac{k_{\mathrm{rL}}}{\mu_{\mathrm{L}}} \rho_{\mathrm{L}} \nabla (P_{\mathrm{L}} + \rho_{\mathrm{L}} gz) \right] \tag{5.24}$$

其中 z 为垂向位置，向上为正值。如果进一步忽略液体密度、黏度变化，式（5.24）可以简化为 Richards' 方程：

$$\frac{\partial}{\partial t}\theta = \mathrm{div}\big[K\ \nabla h\big] \tag{5.25}$$

$$K = kk_{\mathrm{rL}}\rho_{\mathrm{L}}g / \mu_{\mathrm{L}}$$

式中：θ 为含水率，$\theta = \phi S_{\mathrm{L}}$；$K$ 为渗透系数；h 为水头，$h = z + \dfrac{P_{\mathrm{L}}}{\rho_{\mathrm{L}}g}$。

由于水动力弥散造成的物质 k 质量传递可以表示为

$$F^k\big|_{\mathrm{dis}} = -\sum_{\beta}\rho_{\beta}\overline{\boldsymbol{D}}_{\beta}^k\ \nabla X_{\beta}^k \tag{5.26}$$

其中，$\boldsymbol{D}_{\beta}^k$ 为物质 k 在 β 相中的水动力弥散张量：

$$\overline{\boldsymbol{D}}_{\beta}^k = D_{\beta,\mathrm{T}}^k\overline{\boldsymbol{I}} + \frac{D_{\beta,\mathrm{L}}^k - D_{\beta,\mathrm{T}}^k}{u_{\beta}^2}\boldsymbol{u}_{\beta}\boldsymbol{u}_{\beta} \tag{5.27}$$

其中：

横向弥散系数：$D_{\beta,\mathrm{L}}^k = \phi\tau_0\tau_{\beta}d_{\beta}^k + \alpha_{\beta,\mathrm{L}}u_{\beta}$

纵向弥散系数：$D_{\beta,\mathrm{T}}^k = \phi\tau_0\tau_{\beta}d_{\beta}^k + \alpha_{\beta,\mathrm{T}}u_{\beta}$

ϕ 为介质的孔隙度；$\tau_0\tau_{\beta}$ 是弯曲度，该项主要包括多孔介质属性 τ_0、与相饱和度有关的 $\tau_{\beta} = \tau_{\beta}(S_{\beta})$；$d_{\beta}^k$ 为物质 k 在 β 相中的有效扩散系数。

5.3.2 空间和时间离散

将研究区空间离散为有限个单元体，对于单元体 n 中的物质 k，假设 M^k 为单元 n 中单位体积的质量（或密度），由此我们可以得到：

$$\int_{V_n} M^k\,\mathrm{d}V = V_n M_n^k \tag{5.28}$$

式中：M_n^k 为物质 k 在单元 n 中平均单位体积质量（或平均密度）。

其表面通量积分可以写成加和的形式，即

$$\int_{\Gamma_n} F^k \cdot \boldsymbol{n}\,\mathrm{d}\Gamma = \sum_m A_{nm}F_{nm}^k \tag{5.29}$$

式中：F_{nm}^k 为物质 k 通过面段 A_{nm} 上的质量通量；A_{nm} 为单元 n 和单元 m 之间的接触面面积。积分有限差分法的空间离散如图 5.5 所示。

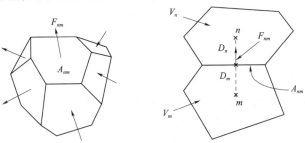

图 5.5 积分有限差分法空间离散示意图

根据积分有限差的形式（图 5.5），对于 F_{nm}^{k} 项可以展开为

$$F_{\beta,nm}^{k} = -k_{nm}\left[\frac{\rho_{\beta}k_{r\beta}}{\mu_{\beta}}\right]_{nm}\left[\frac{P_{\beta,n}-P_{\beta,m}}{D_{nm}}-\rho_{\beta,nm}\boldsymbol{g}_{nm}\right] \quad (5.30)$$

式中：nm 代表网格 n 和 m 的界面；$D_{nm}=D_{n}+D_{m}$ 是两个网格格点之间的距离。

分子扩散和弥散在地下多相流体流动过程中影响不大，但是当流体流动速度非常低的时候，分子扩散和弥散就比较重要，是物质运移的主要途径。分子扩散通常采用 Fick 定律来描述：

$$f = -d\,\nabla C \quad (5.31)$$

式中：d 为有效扩散系数，该参数依赖于扩散物质、流体和孔隙介质等因素；C 为浓度，可以有不同的选择方式，如单位体积质量、单位体积的摩尔数、质量或摩尔分数等。

Fick 定律适用于单相流体、保守物质（如示踪剂等）。当涉及多相流体、多种物质的复杂系统来讲，物质的有效扩散系数通常受系统中所有物质的浓度的影响，物质的运移通常出现非线性，尤其是当该物质的浓度较高时。这种非线性行为来自于弯曲度与饱和度之间的相互关系以及流体对流和扩散之间的关系。由于上述的复杂性，在解决物质扩散时通常采用如下处理方式。针对物质 k 在液相和气相中的扩散：

$$f_{\beta}^{k} = -\phi\tau_{0}\tau_{\beta}\rho_{\beta}d_{\beta}^{k}\,\nabla X_{\beta}^{k} \quad (5.32)$$

式中：ϕ 为介质的孔隙度；$\tau_{0}\tau_{\beta}$ 为弯曲度，该项主要包括多孔介质属性 τ_{0}、与相饱和度有关的 $\tau_{\beta}=\tau_{\beta}(S_{\beta})$；$d_{\beta}^{k}$ 为物质 k 在 β 相中的有效扩散系数；X_{β}^{k} 为物质 k 在 β 相中的质量分数。

我们可以定义一个单一的扩散强度因子，将所有介质常数和弯曲度因子结合成一个单一的有效多相扩散系数：

$$\Sigma_{\beta}^{k} = \phi\tau_{0}\tau_{\beta}\rho_{\beta}d_{\beta}^{k} \quad (5.33)$$

对于气液两相系统，对于 k 在所有相中的扩散量：

$$f^{k} = -\overline{D}_{L}^{k}\,\nabla X_{L}^{k} - \overline{D}_{G}^{k}\,\nabla X_{G}^{k} \quad (5.34)$$

弯曲度和相饱和度的关系目前还不是很明确，对于土壤来讲，经常采用 Millington and Quirk（1961）模型：

$$\tau_{0}\tau_{\beta} = \phi^{1/3}S_{\beta}^{10/3} \quad (5.35)$$

在采用积分有限差进行面积通量计算时，对物质 k 的质量守恒计算除了考虑对流项以外还需考虑扩散项：

$$(f^{k})_{nm} = -(\overline{D}_{L}^{k})_{nm}\frac{(X_{L}^{k})_{m}-(X_{L}^{k})_{n}}{D_{nm}} - (\overline{D}_{G}^{k})_{nm}\frac{(X_{G}^{k})_{m}-(X_{G}^{k})_{n}}{D_{nm}} \quad (5.36)$$

将式（5.28）和式（5.29）代入式（5.19）可以获得：

$$\frac{\mathrm{d}M_{n}^{k}}{\mathrm{d}t} = \frac{1}{V_{n}}\sum_{m}A_{nm}F_{nm}^{k} + q_{n}^{k} \quad (5.37)$$

此公式为一阶有限差分方程。如果 F_{nm}^{k} 和 q_{n}^{k} 均在新时间水平 $t+\Delta t$ 上，就可以得到隐式差分表达式。我们定义一个残差 R：

$$R_{n}^{k,t+\Delta t} = M_{n}^{k,t+\Delta t} - M_{n}^{k,t} - \frac{\Delta t}{V_{n}}\Big\{\sum_{m}A_{nm}F_{nm}^{k,t+\Delta t} + V_{n}q_{n}^{k,t+\Delta t}\Big\} = 0 \quad (5.38)$$

当物质 k 在网格 n 中质量变化等于对流项、水动力弥散项和源汇项贡献时，式（5.38）等于零。然而采用数值法迭代求解时，残差 R 不为零，为了迫使 R 趋近于零要不断调整主变量，直至 R 约等于零。根据泰勒展开式：

$$R_n^{k,t+\Delta t}(x_{i,p+1}) = R_n^{k,t+\Delta t}(x_{i,p}) + \sum_i \left.\frac{\partial R_n^{k,t+\Delta t}}{\partial x_i}\right|_p (x_{i,p+1}-x_{i,p}) + \cdots \quad (5.39)$$

式中：$x_{i,p}$ 为利用吉布斯相律规定的主要变量中的第 i 个变量在第 p 次迭代时的值，此方程可以采用 Newton/Raphson 迭代法求解。

当质量守恒时，式（5.39）等于 0，于是得到：

$$R_n^{k,t+\Delta t}(x_{i,p}) = -\sum_i \left.\frac{\partial R_n^{k,t+\Delta t}}{\partial x_i}\right|_p (x_{i,p+1}-x_{i,p}) \quad (5.40)$$

式（5.40）一般为线性，等式（5.40）右边项中的 $\dfrac{\partial R_n^{k,t+\Delta t}}{\partial x_i}$ 可以组成 Jacobian 矩阵 $\boldsymbol{J}$，而式（5.40）中的左边项可以作为残差项 $\boldsymbol{R}$，从而式（5.40）改写成矩阵式（5.41）：

$$\boldsymbol{J} \cdot \Delta \boldsymbol{X} = \boldsymbol{R} \quad (5.41)$$

例如，假设总共 3 个网格，系统中的组分有 2 个（非等温时要进行能量守恒计算），则该系统需要 3 个独立变量控制，则组建的线性方程组为表 5.1。

表 5.1　3 网格 2 组分组建的系数矩阵

单元格	组分	E1_X1	E1_X2	E1_X3	E2_X1	E2_X2	E2_X3	E3_X1	E3_X2	E3_X3	主变量	残差项
E1	1	$-\dfrac{\partial R_1^1}{\partial X1_{E1}}$	$\dfrac{\partial R_1^1}{\partial X2_{E1}}$	$\dfrac{\partial R_1^1}{\partial X3_{E1}}$	$\dfrac{\partial R_1^1}{\partial X1_{E2}}$	$\dfrac{\partial R_1^1}{\partial X2_{E2}}$	$\dfrac{\partial R_1^1}{\partial X3_{E2}}$				$\Delta E1\_X1$	R_1^1
	2	$-\dfrac{\partial R_1^2}{\partial X1_{E1}}$	$\dfrac{\partial R_1^2}{\partial X2_{E1}}$	$\dfrac{\partial R_1^2}{\partial X3_{E1}}$	$\dfrac{\partial R_1^2}{\partial X1_{E2}}$	$\dfrac{\partial R_1^2}{\partial X2_{E2}}$	$\dfrac{\partial R_1^2}{\partial X3_{E2}}$				$\Delta E1\_X2$	R_1^2
	3	$\dfrac{\partial R_1^3}{\partial X1_{E1}}$	$\dfrac{\partial R_1^3}{\partial X2_{E1}}$	$\dfrac{\partial R_1^3}{\partial X3_{E1}}$	$\dfrac{\partial R_1^3}{\partial X1_{E2}}$	$\dfrac{\partial R_1^3}{\partial X2_{E2}}$	$\dfrac{\partial R_1^3}{\partial X3_{E2}}$				$\Delta E1\_X3$	R_1^3
E2	1	$\dfrac{\partial R_2^1}{\partial X1_{E1}}$	$\dfrac{\partial R_2^1}{\partial X2_{E1}}$	$\dfrac{\partial R_2^1}{\partial X3_{E1}}$	$\dfrac{\partial R_2^1}{\partial X1_{E2}}$	$\dfrac{\partial R_2^1}{\partial X2_{E2}}$	$\dfrac{\partial R_2^1}{\partial X3_{E2}}$	$\dfrac{\partial R_2^1}{\partial X1_{E3}}$	$\dfrac{\partial R_2^1}{\partial X2_{E3}}$	$\dfrac{\partial R_2^1}{\partial X3_{E3}}$	$\Delta E2\_X1$	R_2^1
	2	$-\dfrac{\partial R_2^2}{\partial X1_{E1}}$	$\dfrac{\partial R_2^2}{\partial X2_{E1}}$	$\dfrac{\partial R_2^2}{\partial X3_{E1}}$	$\dfrac{\partial R_2^2}{\partial X1_{E2}}$	$\dfrac{\partial R_2^2}{\partial X2_{E2}}$	$\dfrac{\partial R_2^2}{\partial X3_{E2}}$	$\dfrac{\partial R_2^2}{\partial X1_{E3}}$	$\dfrac{\partial R_2^2}{\partial X2_{E3}}$	$\dfrac{\partial R_2^2}{\partial X3_{E3}}$	$\Delta E2\_X2$	R_2^2
	3	$\dfrac{\partial R_2^3}{\partial X1_{E1}}$	$\dfrac{\partial R_2^3}{\partial X2_{E1}}$	$\dfrac{\partial R_2^3}{\partial X3_{E1}}$	$\dfrac{\partial R_2^3}{\partial X1_{E2}}$	$\dfrac{\partial R_2^3}{\partial X2_{E2}}$	$\dfrac{\partial R_2^3}{\partial X3_{E2}}$	$\dfrac{\partial R_2^3}{\partial X1_{E3}}$	$\dfrac{\partial R_2^3}{\partial X2_{E3}}$	$\dfrac{\partial R_2^3}{\partial X3_{E3}}$	$\Delta E2\_X3$	R_2^3
E3	1				$\dfrac{\partial R_3^1}{\partial X1_{E2}}$	$\dfrac{\partial R_3^1}{\partial X2_{E2}}$	$\dfrac{\partial R_3^1}{\partial X3_{E2}}$	$\dfrac{\partial R_3^1}{\partial X1_{E3}}$	$\dfrac{\partial R_3^1}{\partial X2_{E3}}$	$\dfrac{\partial R_3^1}{\partial X3_{E3}}$	$\Delta E3\_X1$	R_3^1
	2				$\dfrac{\partial R_3^2}{\partial X1_{E2}}$	$\dfrac{\partial R_3^2}{\partial X2_{E2}}$	$\dfrac{\partial R_3^2}{\partial X3_{E2}}$	$\dfrac{\partial R_3^2}{\partial X1_{E3}}$	$\dfrac{\partial R_3^2}{\partial X2_{E3}}$	$\dfrac{\partial R_3^2}{\partial X3_{E3}}$	$\Delta E3\_X2$	R_3^2
	3				$\dfrac{\partial R_3^3}{\partial X1_{E2}}$	$\dfrac{\partial R_3^3}{\partial X2_{E2}}$	$\dfrac{\partial R_3^3}{\partial X3_{E2}}$	$\dfrac{\partial R_3^3}{\partial X1_{E3}}$	$\dfrac{\partial R_3^3}{\partial X2_{E3}}$	$\dfrac{\partial R_3^3}{\partial X3_{E3}}$	$\Delta E3\_X3$	R_3^3

Jacobian 矩阵中 R_i^k 为第 i 个网格中物质 k 的残差；Xi_{Ei} 代表第 Ei 个网格中的第 i 个主变量；$-\dfrac{\partial R_1^1}{\partial X1_{E1}}$ 是指第 1 个网格中第一个主变量 $X1$ 的变化对第 1 个网格中第 1 种物质质量残差的影响权重，其他以此类推。$\Delta E1\_X1$ 为第 1 个网格中第 1 个主变量的增量。

利用 Newton/Raphson 迭代法求解时，当迭代的误差满足以下条件时认为达到收敛标准：

$$\left|\frac{R_{n,p+1}^{k,t+\Delta t}}{M_{n,p+1}^{k,t+\Delta t}}\right|\leqslant \varepsilon$$

式中：ε 为相对误差，一般在 10^{-5} 左右。

　　为了使上述的线性方程组有唯一确定的解，要求对主变量设置初始值和边界值。初始值就是在模拟开始时对主变量赋的初值，和单相渗流赋水头值的方法一样，只不过通常用压强作为主变量。另外，温度通常作为其中的一个主变量，需要对温度设定初始值。主变量的边界值同样是按一类和二类边界的方式赋值。

5.4　地下多相渗流案例分析

　　多相流体共存现象在我们实际生活中随处可见，如无压管道流动、明渠流、地下包气带中流体流动，油田中水驱油、气驱油等过程都存在多相共存问题。不管是几相共存问题，在分析流体流动或渗流时，必须遵守质量和能量守恒。以上基于质量守恒定律对地下多相渗流控制方程进行推导，并利用积分有限差的方法进行了数值方法的介绍，接下来采用 TOUGH2 软件开展一个涉及气、液两相渗流问题的分析。

5.4.1　TOUGH2 软件简介

　　TOUGH（Transport of Unsaturated Groundwater and Heat）即非饱和地下水及热流传输，是模拟一维、二维和三维多孔或裂隙介质中，多相流、多组分及非等温的流体流动、传热和污染物运移的数值模拟程序。TOUGH 代码的前身是 MULKOM 数值模拟程序。

　　TOUGH2 是 TOUGH 的后续版本，首次公开发表于 1991 年。TOUGH2 是一套功能强大、应用广泛的模拟孔隙或裂隙介质中多相流的系列程序。它能处理多种液体的混合物，能更复杂、更精确、更有效地模拟多相流和热量运移过程。TOUGH2 已经广泛地应用于地热储藏工程、核废料处置、饱和或非饱和带水文环境评价及二氧化碳地质处置等领域。可以模拟水流系统的空间尺度从微观尺度到流域尺度，水流过程模拟的时间尺度可以从几秒到几万年的地质年代时间。就目前的计算平台来说，几千甚至是几万个单元的三维问题很容易解决。

　　该程序采用的是积分有限差分的空间离散方法，在时间上采用加权隐式的处理方法，可以更改新、旧时间水平的变量在计算过程中的比例。另外，在时间步长的处理上也更加灵活，采用可变步长的方式，根据收敛的速度随时调整时间步长。在求解线性方程组时采用 Newton/Raphson 迭代法求解。

　　TOUGH2 采用标准 FORTRAN 77 语言编写，包括具有不同功能的模块，如 ECO2N 模块专门用来模拟 CO_2 地质封存、EOS9 模块用来模拟包气带、EOS1 模块可以模拟单相不同类型水的渗流等。根据用户所选择的 EOS 模块不同，输入数据时所需的主变量个数和意义也不同。本节主要利用 ECO2N 模块，开展 CO_2 地质封存过程中多相流体流动过程分析。

5.4.2 多相渗流问题描述

随着全球气候变暖，CO_2 作为一种温室气体越来越受到世界各国的关注。为了缓解全球气候变暖的趋势，将已经排放到大气中的 CO_2 捕集后进行地下封存，即所谓的 CO_2 地质封存，是一种有效的途径，被认为是实现 CO_2 减排的保底技术。地质封存的基本原理就是模仿自然界储存化石燃料的机制。把 CO_2 封存在地层中。CO_2 可经由输送管线或车船运输至适当地点后，注入具有特定地质条件以及特定深度的地层中进行封存（视频 5.1）。

视频 5.1
问题描述

比较理想的地质封存场所可以是无商业开采价值的深部煤层（同时促进煤层天然气回收）、油田（同时促进石油回收）、枯竭天然气田、深部咸水层等。

在进行地质封存过程中，要将 CO_2 压缩注入地下具有一定深度的地层中。地层的深度一般要在 800 m 以下，因为按照一般的静水压力和地温梯度，800m 以下地层的温度、压力满足 CO_2 处于超临界状态的条件（图 5.6）。

CO_2 封存的时间跨度为数千年甚至上万年，为防止 CO_2 在压力作用下返回地表或向其他地方迁移，地质构造必须满足盖层、储集层和圈闭构造等特性，方可实现安全有效的埋藏。

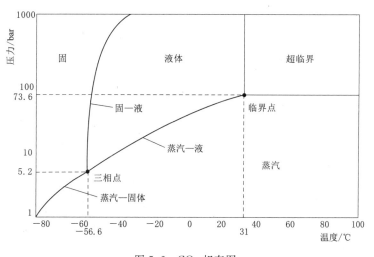

图 5.6　CO_2 相态图

地层深部对于 CO_2 的注入的反映情况取决于许多因素，包括地层渗透率、孔隙度以及地层结构的非均质性，如断层、裂隙等。要评估场地 CO_2 地质封存的可行性并为后期工程实施提供设计方案，需要大量的、具体的水文地质参数等。

CO_2 地质封存的机制主要包括 4 种，即构造封存（Structural trapping）、毛细封存（Capillary trapping）或称残余相封存（Residual trapping）或 CO_2 晕的水动力封存（Hydrodynamic trapping）、溶解封存（Solubility trapping）、矿物封存（Mineral trapping）。随着时间的演化，被不同机制捕集的 CO_2 量有所变化（图 5.7）。

本节利用 TOUGH2 - ECO2N 模块，开展 CO_2 在注入深部地层进行封存过程多相流体渗流过程研究。

5.4.3　模型构建及初始、边界条件设置

本次 CO_2 地质封存模拟过程中，假设将 CO_2 注入到一层无限长（10000.0m）、厚度为 100.0m 的砂岩咸水层中（图 5.8）。

边界条件：在模型顶部是储层的直接盖层，设置为具有零通量的二类边界条件；在模型底部，属于储层的底板，也假设为零通量的二类边界；模型的外围边界由于距离非常远，我们设置为具有固定压力的一类边界；模型的中心为 CO_2 注入井，为源汇项（视频 5.2）。

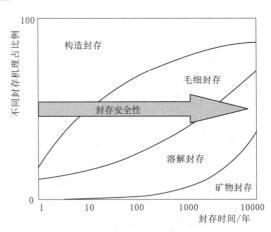

图 5.7　CO_2 捕集机制

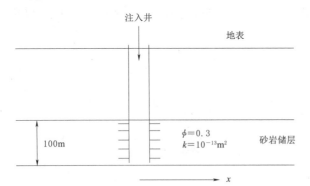

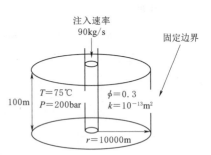

图 5.8　CO_2 地质封存概念模型

初始条件：在整个 CO_2 地质封存系统中，需要考虑的物质包括水、CO_2 和盐（NaCl），涉及的物质数量为 3，根据吉布斯相律需要 4 个主变量来控制整个系统。ECO2N 选用的是压力、温度、盐度和 CO_2 在液相中的质量分数（单相）或 CO_2 气体饱和度（两相）。假设选择的目标储层位于地层深部 2000.0m，则根据静水平衡可以获得地层初始压力大约为 200.0bar；假设地表温度平均 15.0℃，地温梯度平均 30.0℃/km，则目标储层的温度约为 75.0℃；假设目标储层初始时没有 CO_2，属于单一液相存在，设 CO_2 质量分数初始值为 0；根据场地水质分析盐（NaCl）度约为 0.06（1.0M）。

5.4.4　模型参数设置

在深部地层中影响多相流体渗流的物性参数主要包括渗透率、孔隙度、相对渗透率曲线和毛细压力曲线模型参数等，这些参数的取值取决于研究区目标储层的实测数据。本研究以上参数取经验值。

孔隙度 $\phi = 0.3$，对应的渗透率 $k = 100\text{mD}$（$1\text{mD} = 1.0 \times 10^{-15}\text{m}^2$），模型所需的物性参数及数值见表 5.2。

表 5.2   模型所需的物性参数及数值

相对渗透率	液相 (van Genuchten, 1980)	$k_{rl} = \sqrt{S^*} \{1 - (1 - [S^*]^{1/m})^m\}^2$	$S^* = (S_l - S_{lr}) / (1 - S_{lr})$
		液相残余饱和度	$S_{lr} = 0.30$
		指数	$m = 0.457$
	气相 (Corey, 1954)	$k_{rg} = (1 - \hat{S})^2 (1 - \hat{S}^2)$	$\hat{S} = \dfrac{S_l - S_{lr}}{S_l - S_{lr} - S_{gr}}$
		气相残余饱和度	$S_{gr} = 0.05$
毛细压力 (van Genuchten, 1980)		$P_{cap} = -P_0 ([S^*]^{-1/m} - 1)^{1-m}$	$S^* = (S_l - S_{lr}) / (1 - S_{lr})$
		液相残余饱和度	$S_{lr} = 0.00$
		指数	$m = 0.457$
		强度系数	$P_0 = 19.61 \text{kPa}$

5.4.5 模拟结果分析

CO_2 在模型中心以固定的流量 90.0kg/s 连续注入 10 年，模拟时间为 1000 年。分析 CO_2 在深部地层驱替咸水过程、CO_2 储量、相态的演化规律，评价该储层封存 CO_2 的能力。

从图 5.9 中可以看出，在第 10 年的时候，气相 CO_2 已经运移到距离注入井 1200m 左右。在注入井至 1200m 左右的储层中，存在气、液两相流体。随着时间推移，由于气相 CO_2 慢慢溶于地层水中，导致气态 CO_2 的饱和度逐渐减小。在 500 年时，由于停止了注入，气态 CO_2 不再驱地层咸水，而原有的气态 CO_2 饱和度逐渐降低。到 1000 年时气态 CO_2 的饱和度继续减小。

图 5.10 为 CO_2 注入到地质储层后被封存总量和在各相态中的量。可以看出，在注入 10 年后，CO_2 的总灌注量达到 0.29×10^{11} kg 左右，其中以气相（超临界）存在的约 0.23×10^{11} kg，而溶解在液相中的量为 0.06×10^{11} kg。

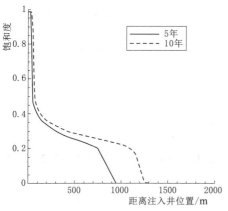

图 5.9 气相（超临界）饱和度时空分布

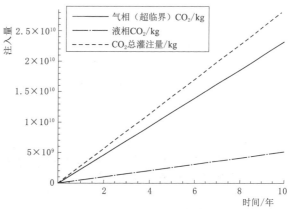

图 5.10 被封存的 CO_2 在相态间随时间分布

参 考 文 献

[1] 沧浪. 裘布依、裘布依假定及裘布依公式 [J]. 水文地质工程地质，1983 (6)：53 - 55.

[2] 薛禹群. 地下水动力学 [M]. 2 版. 北京：地质出版社，1997.

[3] 钱家忠，杨立华，李如忠，等. 基岩裂隙系统中地下水运动物理模拟研究进展 [J]. 合肥工业大学学报，2003，26 (4)：510 - 513.

[4] 汪尧勋. 研究地下水非稳定运动的电网络模拟方法 [J]. 河北地质学院学报，1978 (1)：1 - 18.

[5] 厉建宁，赵荣明，谷源辉. 用电网络模拟方法研究岩溶孔隙-裂隙含水层地下水的运动规律 [J]. 河北地质学院学报，1984 (2)：1 - 17.

[6] 薛禹群. 中国地下水数值模拟的现状与展望 [J]. 高校地质学报，2010，16 (1)：1 - 6.

[7] Stuart Alan Rojstaczer. The Limitations of Groundwater Models [J]. Journal of Geological Education，1994，42：362 - 368.

[8] Jacob Bear. 多孔介质流体动力学 [M]. 李竞生，陈崇希，译. 北京：中国建筑工业出版社，1982.

[9] C. W. Fetter. 应用水文地质学 [M]. 4 版. 孙晋玉，译. 北京：高等教育出版社，2011.

[10] 陈崇希，等. 地下水流数值模拟理论方法及模型设计 [M]. 北京：地质出版社，2014.

[11] 王洪涛. 多孔介质污染物迁移动力学 [M]. 北京：高等教育出版社，2008.

[12] 孙讷正. 地下水污染——数学模型和数值方法 [M]. 北京：地质出版社，1989.

[13] Scheidegger A E. General theory of dispersion in porous media [J]. Journal of Geophysical Research，1961，66 (10)：3273 - 3278.

[14] Mousavi Nezhad M，Rezania M，Baioni E. Transport in porous media with nonlinear flow condition [J]. Transport in Porous Media，2019，126 (1)：5 - 22.

[15] Gelhar L W，Welty C，Rehfeldt K R. A critical review of data on field - scale dispersion in aquifers [J]. Water Resources Research，1992，28 (7)：1955 - 1974.

[16] Jacob Bear，Yehuda Bachmat. Introduction to modeling of transport phenomena in porous media [M]. Berlin：Springer Science & Business Media，2012.

[17] 国家技术监督局. 地下水资源管理模型工作要求：GB/T 14497—1993 [S]. 北京：中国标准出版社，1993.

[18] 韩在生. 地下水资源数值法计算技术要求——行业标准介绍 [J]. 水文地质工程地质，1994 (4)：47 - 50.

[19] 林坜，杨峰，崔亚莉，等. FEFLOW 在模拟大区域地下水流中的特点 [J]. 北京水务，2007 (1)：43 - 46.

[20] 张二勇，李长青，李旭峰. 区域地下水流数值模拟的方法和实践——以华北平原为例 [J]. 中国地质，2009，36 (4)：920 - 926.

[21] 李全友，任印国，程忠良. 地下水数值模拟模型识别和验证方法与标准 [J]. 南水北调与水利科技，2012，10 (2)：30 - 31.

[22] 李竞生，姚磊华. 含水层参数识别方法 [M]. 北京：地质出版社，2003.

[23] Corey A T. The Interrelation Between Gas and Oil Relative Permeabilities [J]. Producers Monthly，1954 (11)：38 - 41.

[24] Fatt I，W A Klikoff. Effect of Fractional Wettability on Multiphase Flow Through Porous

Media [J]. Journal of Petro Leum Technology, 1959, 11 (10): 71 – 76.

[25] Mualem Y. A New Model for Predicting the Hydraulic Conductivity of Unsaturated Porous Media [J]. Water Resources Research, 1976, 12 (3): 513 – 522.

[26] Pickens J F, R W Gillham, D R Cameron. Finite Element Analysis of the Transport of Water and Solutes in Tile – Drained Soils [J]. Journal of Hydrology, 1979, 40: 243 – 264.

[27] Narasimhan T N, P A Witherspoon, A L Edwards. Numerical Model for Saturated Unsaturated Flow in Deformable Porous Media, Part 2: The Algorithm [J]. Water Resources Research, 1978, 14 (2): 255 – 261.

[28] Milly P C D. Moisture and Heat Transport in Hysteretic, Inhomogeneous Porous Media: A Matric – Head Based Formulation and a Numerical Model [J]. Water Resources Research, 1982, 18 (3): 489 – 498.

[29] Leverett M C. Capillary Behavior in Porous Solids [J]. Trans. am. inst. min. metal. eng, 1941, 142 (1): 152 – 169.

[30] van Genuchten, M. Th. A Closed – Form Equation for Predicting the Hydraulic Conductivity of Unsaturated Soils [J]. Soil Science Society of America Journal, 1980, 44: 892 – 898.